非洲大草原的掠食者与猎物

[意]克里斯蒂娜·班菲　[意]克里斯蒂娜·佩拉波尼　[意]丽塔·夏沃 ◎ 编著
潘源文 ◎ 译

四川教育出版社

目 录

64

68

90

94

106

图②

图③

前　言

非洲大草原的生与死

自然界是一个生命的共同体。在世界的每个角落，各个物种之间，存在着千丝万缕的关系。其中的交流互动从未停止，也永无尽头。掠食者与它们的猎物之间形成的捕杀与逃亡的关系，无疑极大地吸引着人类的关注。在这一关系的两端，一方要设法吃掉对方，因为只有饱腹一顿，自己才能生存，对方则要千方百计地逃命求生。生存还是死亡，这是一个问题，也是非洲大草原永恒的主题。非洲大草原是本书主角们世代生存繁衍的家园。狮子、猎豹、豹以及各类有蹄类动物在大草原上演着捕猎与逃亡的惊险传奇。人类熟知的许多动物界明星就在这一巨大的生态系统中生活：地上跑的长颈鹿、角马、犀牛、大象，天上飞的秃鹫，还有许多个头不起眼的哺乳动物和爬行动物。许多动物我们叫不出名字，只有动物专家才认识，但是它们并非大自然里无足轻重的无名小卒，何况完整的生态系统的平衡离开哪部分都不行。

在辽阔的非洲大草原上，掠食者和猎物的数量有着一个理想的比例关系。在塞伦盖蒂国家公园，生活着 20 万匹斑马、50 万只羚羊、100 万匹角马，还有数以万计的其他有蹄类动物。相比之下，大型掠食者就少得多。它们的总数只有 10 000 多，而其中狮子就占了 1/3。这一比例关系意味着在大草原上掠食者拥有丰富的食物。奔跑的掠食者和逃亡的猎物构成了大草原最常见的画面，而它们又与其他物种一道组成了相互关联的生态共同体。它们的关系十分复杂，而且处于不断演变之中。食肉动物、食草动物、植物、食腐者与分解者一起组成了完整的食物链，维系着生态系统的平衡。所有物种都相互依存，没有谁是一座孤岛，也正因此，物种才能不断繁衍。生态平衡一旦打破，比如某一物种数量发生骤变，那么受到影响的将是整个生态系统中的其他所有成员。

我们知道，每一个物种的数量不是始终不变的，而是会受到各种因素的影响而变化。当出生率上升，或有同类从别处迁徙加入，族群自然就成员兴旺；相反，当疾病侵袭或极端气候条件迟迟不好转时，死亡率将会上升。当成员迁徙至其他的地方，族群数量也会下降。此外，掠食者或人类的捕杀行为，会导致某个种群的数量减少。羚羊的数量和与之在同一地区生活的狮子的数量就有直接关系。狮子多了，羚羊就少了；而羚羊多了，则会导致狮子数量激增。掠食者数量暴增，将导致羚羊的数量无法填补狮群的胃。久而久之，有的狮子就会饿死。这时，掠食者数量又会在激增后逐渐减少，而羚羊数量又会逐渐回升。因此，掠食者和猎物之间的关系并非一成不变，而是处于动态变化中。

图②，一只豹在高高的草丛中匍匐前行，它皮毛的颜色是一种天然的伪装
图③，一只护食的猎豹刚刚杀死一只羚羊

今天人类借助数学模型，可以确定不同种群之间理想的数量比例。在此基础上优化对动物栖息地的管理，这对濒危物种的保护尤为重要。当然，生态系统的优化不仅靠数字管理，掠食者也起到了调节的作用。它们将生物多样性维系在一个合理水平，其捕猎活动不仅调节了各个物种的数量，还调整了猎物族群的地理分布。老弱病残的猎物将成为掠食者的口中食。这意味着捕猎行为本身就是自然淘汰的有效机制。如果掠食者变少了，甚至消失了，会发生什么呢？若这一幕真的发生，猎物的数量将呈现爆发式增长。在非洲大草原，猎物主要是食草动物。如果它们的外部威胁突然消失，草原植被将会遭到极大破坏，这意味着猎物本身的食物早晚也会出现短缺，食草动物也迟早会被饿死。因此，即使不考虑掠食者的外部威胁，猎物的数量也会在爆发之后再次减少。同理，如果掠食者的数量大爆发，那么食草动物的数量在短期内就会骤减，掠食者的“食材”将会短缺，最终导致掠食者的数量激增后仍会回到合理范围。

以上情况只是极端的假设，而现实是掠食者和猎物共同维系着生态平衡。不管天平两端的哪一方过多或过少，对另一方的长久存续都不是好事。在自然界，瘟疫、天灾或极端恶劣的气候条件，都会造成生态系统中不同群体的数量发生合理波动。这一自我调节也有助于维系生态系统的平衡。

■ 上图，在生死存亡的关头，一匹奋力抵抗的角马让一群母狮犯了难
■ 页码 4~5，狮子可以不怒自威，而处于进攻状态的雄狮更会令任何对手都心生胆怯
■ 页码 6~7，三只小猎豹在和妈妈分食一头刚刚被杀死的瞪羚。其中一只警惕的小猎豹似乎注意到了周围存在的危险

无尽的挑战

掠食者和它们的猎物在各自漫长的进化史中，都发展出了适于进攻与利于防御的专长。这是一场没有硝烟的“军备竞赛”，在生物学上称为“共同进化”。无论捕猎还是逃生，个体优势越大，存活的概率也就越大。只有活下去的个体，才能将自己的生存优势代代相传。

在非洲大草原能够拥有一席立足之地，意味着它们都有自己的独门绝技。有的掠食者是独行客，比如身上长着斑点的薮猫；有的掠食者是优秀的团队合作者，它们在集体行动中讲究配合。狮子、斑鬣狗、非洲野犬的捕猎方式是围猎，参与行动的每个成员都要彼此沟通、因势利导，及时调整行动方案。当捕猎行动进展到喧嚣的高潮，在一片混乱中，每位出色的猎手仍要十分清楚自己该扮演什么角色。猎豹是运用突袭战术的高手。它们具有非同寻常的耐心，会等待毫不知情的猎物自行靠近。猎物迈进猎豹捕猎范围的一刹那，就是猎豹发动袭击的瞬间。豹的速度和耐心是奇袭成功的关键，它们的瞬间提速能力可以保证在几秒钟内追上猎物。

另外，有些掠食者既不是力量型选手，也不靠速度取胜，它们是大自然的绝命毒师。毒蛇仅凭毒液就能轻易地放倒猎物，它们的毒液能够麻痹猎物的神经系统。当然，它们的绝命武器也不是百战百胜。蛇獴看似战斗力并不惊人，却可以抵御毒液的侵袭。蛇獴有着闪电般的反应速度，甚至能杀死自然界最毒的曼巴蛇和眼镜蛇。总之，任何物种既然能在自然界生存繁衍，总有自己进攻和防御的不二法宝。究其本源，大家的能力都来自漫长的进化。

生来就是掠食者

掠食者实际上各有各的专长。同时，它们也有一些共同的特征，比如灵活，聪明，肌肉发达，牙齿锋利，拥有十分发达的味觉、视觉和听觉等。此外，这些让猎物退避三舍的杀手都拥有一定程度的保护色，从而确保它们可以尽可能地靠近猎物。

掠食者从小就要在父母的训练下，将这些能力发挥到极致。通过无数次的捕猎训练，它们最终站稳在食物链的上层。这种捕猎的练习在人类看来和玩耍、嬉戏没有太大区别，这也许是寓教于乐的最好注解。当时机成熟的那一天，捕猎游戏就会成为一次真正的血腥杀戮。妈妈会引导孩子独自面对幼小的猎物，确保孩子能安全地练习捕猎技巧，并收获第一个猎物。在第一次成功地杀死猎物之后，真正的捕猎行动将会越来越频繁。年轻的猎手将有更多的机会去打磨技艺，使之炉火纯青。

命运的另一端

对于猎物来说，它们一生的主题就是极力摆脱被吃掉的悲惨命运。没有猎物会顺从命运的安排，难道为了猛兽的一顿饱饭，自己就得失去生命吗？在漫长的进化过程中，猎物们也发展出相应的防御体系。辽阔的非洲大草原是食草动物的天然粮仓，但是草类本身所含的营养成分很低。因此，羚羊、斑马和其他的有蹄类动物每天要吃大量的草才能获取充分的营养。吃草的时候，这些动物最容易受到攻击，所以食草动物总是避免落单，尽量成群结队地觅食。

防御策略

当一群食草动物在吃草的时候，经常能看到队伍中有警惕的“卫兵”在放哨，密切地留意周遭发生的一切。一旦有突发的危险，大家能够在“卫兵”的呼喊下，在最短时间内做出逃跑的反应。羚羊的腿又细又长，它们在逃亡时并不会沿着直线奔跑，而是不断地改变方向。在快被追上的千钧一发之际，它们又能迅速地调转方向，可以成功地甩开那些掠食者。有一些跳羚羊在逃亡中还会高高地跃起，甚至能跳两米多高，身子在空中好似一把弯弓。这样做能够成功地迷惑对手，等对方反应过来，自己已经跑远了。

那些拼尽全力逃亡的猎物，身体素质毕竟比不上身后凶猛的猎手。但即使被掠食者追上，也没有猎物会甘心送死。与其引颈受戮，不如放胆一搏！何况有些食草动物也很强壮，有些还有自己的防卫武器。例如水牛的角就十分尖锐，甚至可以杀死狮子这样的大型猫科动物；而斑马看上去貌似温顺，在生死存亡的关头也会扬起后蹄，有可能将掠食者的下颚踢碎。有的猎物或长着锋利的獠牙，或身上长着硬刺，或皮肤如坚硬的铠甲一般，这些都有可能让掠食者在最后关头知难而退。正是如此，懂得放弃的猎手才是好猎手。掠食者会对每次进攻的风险进行预估：僵持下去划算，还是干脆放弃而另寻机会划算？通常情况下，除非实在饿到极限了，否

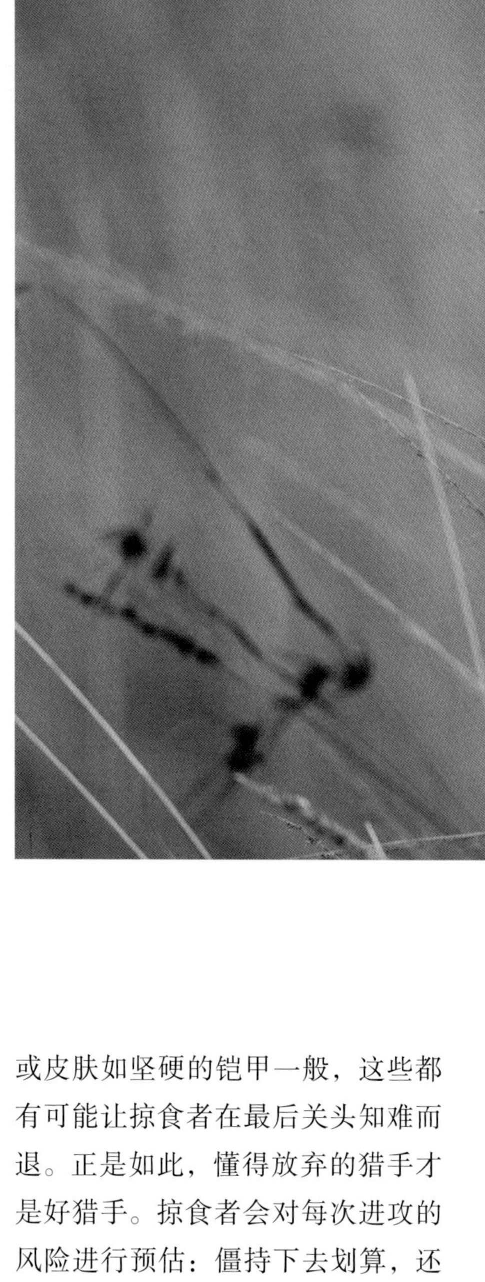

则聪明的掠食者不会不依不饶地坚持捕猎。为了吃一顿饱饭，如果把自己的生命丢了，这又何必呢?

生命这出戏

生存还是毁灭，这是一个问题。这场生命的博弈每天都在非洲大草原的各个角落上演。对于这场生死的较量，双方押上的都是各自种群的存续。在厮杀和逃亡中，善良与邪恶不是问题的答案。大自然就如同永不停歇的运转机器，而在捕猎与逃亡背后的求生意志，就是大自然这座永动机的动力来源。

第一章

大型猫科动物

毫无疑问，大型猫科动物是所有掠食者中最让人浮想联翩的。狮子有君王气度，猎豹有霹雳速度，豹的身姿十分惊艳又神秘无比。不过，别忘了这只是在人类眼中，它们被一厢情愿赋予的美好定义。其实，它们只是忠实地扮演了数百万年的进化角色，并不因人类的赞美而有所损益。本章我们将认识这些大型猫科动物，看它们如何将自己的天赋与能力发挥得淋漓尽致。作为掠食者，它们注定在某些方面优于猎物：它们知道何时是发起进攻的最佳时机，知道何时应及时调整策略；面对自然或人力干预下的变化，它们也能表现出更强的适应能力。

人们对掠食者中的大型猫科动物总是津津乐道。当然，被它们吃掉的猎物未必会同意这些赞美。对已经被人类驯化的家畜来说，这些野生的“大猫”是巨大的威胁。有时这些猛兽还会因为华美的皮毛而不幸成为人类虚荣心的牺牲品。

近年来，人类对这些大型猫科动物的了解和研究不断加深。在生态系统中，这些草原上的王者扮演的重要角色也越来越为人所知。

左图，两只狮子在高草丛中观察着猎豹的一举一动。猎豹知道自己的体型不占优势，一旦发生冲突，可能会送命。它小心地保持着安全距离，对自己的速度仍然充满自信

狮子

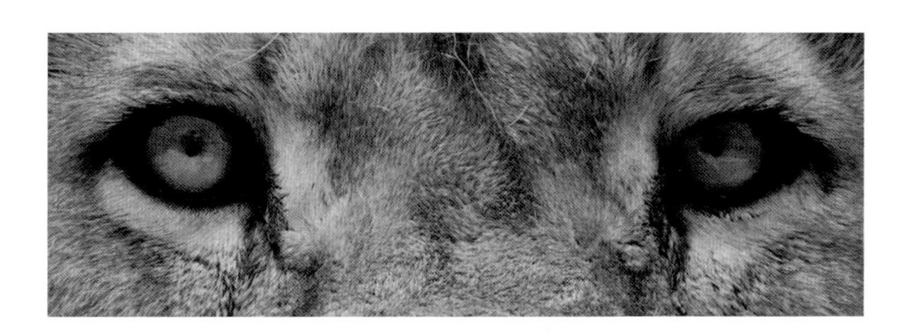

狮子是非洲大草原上体型最大的猫科动物，也是最顶端的猎食者。

雄狮凭借茂密的鬃毛成为动物界当之无愧的明星，而母狮和其幼崽都没有鬃毛。其他猫科动物雌雄两性的外观差别都没有狮子这么大。这种现象在动物学上被称为“雌雄两态”。当狮子躺在草原上歇息时，因为皮毛颜色和沙土相近，远远望去就像一个土堆。雄狮鬃毛的颜色会随着年纪增长而加深，最后几乎成了黑色，而和尾巴末端的颜色接近，看起来更具威严。小狮子的皮毛有一些暗褐色斑点，长大后会慢慢变淡，直到成年后彻底消失。不过，有些母狮在成年后身上仍有淡淡的斑点。狮子的耳朵又大又圆，后面有一个醒目的黑斑，在捕猎的时候，狮群可以在草丛中借此发现同类的位置。不过，这只是一个合

▦ 页码 2~3，在肯尼亚的马赛马拉国家保护区，几头闲散的狮子平静地等待一场暴风雨的来临
▦ 上图，一头雄狮在戏弄面前绝望的转角角马，它并不急于杀死这只可怜的猎物
▦ 右图，在南非姆库泽保护区，星空下的水塘边，一头母狮和自己清晰的倒影

理的假设，因为很多独来独往的猫科动物的耳朵后面也有相似的斑点。

成年雄狮的身长可达2.5米（不包括尾巴），肩高可达1.2米，体重可达250千克。母狮则相对轻一些，最重一般不会超过120千克。狮子的肌肉十分发达，尤其是成年的雄狮。当然母狮也不逊色，它们虽然体重轻一些，但是身材比例更加完美，在捕猎中身手更灵活。

掠食者当然要有一副好牙，而狮子的牙更是其中的佼佼者。它们的切齿很小，犬齿长达10厘米，前臼齿和臼齿尖锐无比，上排第四颗前臼齿和下排第一颗臼齿比其他的牙齿更大。当狮子开始咀嚼时，就像启动了一台食物粉碎机，能够轻松地咬断猎物坚韧的肌腱。因为牙齿的造型和分布，狮子在进食时总会用双颊肌肉发力。

狮子并不是陆地上最大的动物，但它们的爪子抓力很强，能控制住比自己个头大的猎物，比如有坚厚“铁甲”护身的水牛。和其他猫科动物（猎豹除外）一样，狮子能利用爪子后面的肌肉牵动肌腱收回爪子，这样可以减轻奔跑中对爪子的磨损。狮子的视觉、味觉、听觉都极为发达。它们在一天内的任何时间都可以很活跃，经常在夜间活动，夜幕降临并不影响它们捕食猎物。

狮子一般最长可以活20年，平均寿命为15年左右。在圈养的情况下，它们有时甚至能活到30岁高龄。

狮子的社会生活

大部分猫科动物都独来独往，而狮子却是群居动物，并且有严密的等级制度和严格的行为规范。

狮群是母系社会，母狮构成了狮群的核心。几头有亲缘关系的母狮作为核心组建成大家庭，这样的

社群关系将持续很多年。每个狮群的成员数量不等，少则4个，多则30多个。另外，狮群会有1到2头成年雄狮，多时也可能有四五只，它们通常能够和平相处。

雄狮的唯一任务就是保护领地不受侵犯。狮群的领地区域十分明确，根据猎物的分布情况，大小从20~400平方千米不等。狮群内的成年雄狮会通力合作共御外敌，但对入侵者也不会穷追不舍。通常情况下，只要入侵者被赶出领地，就算任务完成。不过，如果闯入领地的是侵略性非常强的猛兽，那么一场你死我活的血战就不可避免了。

雄狮是领地的保卫者，因此捕猎与觅食的重担就落在了母狮身上。它们虽然个头小些，体重轻些，但战斗力丝毫不逊色，身姿更为灵活，速度还更快。比起鬃毛浓密的雄狮，母狮不那么引人注目，在捕猎中也更具优势。

狮子在哪里生活?

狮子更喜欢在空旷的草原生活。在狩猎时，狮群会小心翼翼地贴近目标，而茂密的草丛无疑是最

左图，在博茨瓦纳南部的萨吾提沼泽区域，傍晚时分，成员兴旺的狮群在休息。它们在等待夜幕降临，期盼一场有所收获的捕猎行动

上图，在肯尼亚的马赛马拉国家保护区，一头母狮拒绝了雄狮的求爱

好的屏障。它们离得越近，胜算当然越大。狮群能够在海拔三千米的地区生活，也出没于草原的灌木丛和树丛中，但很少在半荒凉的地区或森林中出现。在没有捕猎任务的时候，万兽之王会在领地闲庭信步，一个小时会走四千米左右。表面上的安逸似乎更能凸显其王者气度，但是转眼之间它们就可以进入战斗状态，迅速发起进攻。狮子的弹跳能力非常强，甚至可以连续跳12米远。

一天有24个小时，而狮子可以休息20个小时。在漫长的休息时间，狮群散漫地躺在地上，似乎对周遭发生的事情毫不关心。在太阳的暴晒下，它们有时会躺在树荫下或者灌木丛中。不过，大多数时候它们对炎炎烈日也毫不在意。在外部环境相对稳定的情况下，狮群可能会长时间占领某个区域。但这一情况并不常见，食草动物如角马会逐水草而居，那么掠食者也会沿着这些猎物迁徙的方向而定期迁居。

捕猎

狮子是百分之百的食肉动物，

而且是毋庸置疑的捕猎之王。在理论上，狮子可以杀死它所生活的环境中的几乎所有动物，甚至能杀死与之竞争的其他掠食者。因此，它无疑稳坐食物链的顶端。

狮子每天要吃5~7千克的肉。据推算，每头狮子每年要杀死10~20个大大小小的猎物。不难想象，对于研究动物行为的科学家而言，研究狮子夜间捕食的不同阶段，不仅困难，还极度危险。幸好狮子白天也捕猎，我们才得以从容观察并完整记录下它的捕猎动态。

要论速度，羚羊和斑马都比狮子快——没错，即使是狮子，也无法做到各项全能。因此，狮子必须尽可能拉近与猎物的距离，保证最后的突袭不会无功而返。母狮在身体机能最佳的状态下，能够从静止状态立刻提速至60千米的时速。但羚羊和斑马不仅速度快，而且体型较小、心脏机能强大，在耐力上更具优势，可以长时间高速奔跑。因此，经过长时间的追逐，狮子占不到便宜，最终还可能徒劳无功。母狮很清楚自身的劣势，如果突袭没有成功拿下猎物，母狮一般会立刻放弃。

小百科

捕猎技巧

狮子的捕猎活动分为3个主要阶段：埋伏、逼近和突袭。作为聪明的掠食者，狮子会在此基础上进一步制订精密的策略，而这需要狮群集体的默契配合才能实现。夜幕降临后，狮群会在黑暗中靠近猎物。灌木丛和树丛是行动的最佳屏障。狮子和它们的猎物都能在黑暗中看得清清楚楚，但是灌木丛是有蹄类动物逃跑路上的阻碍。猎物的障碍，就是掠食者的便利。狮子在夜间行动时不会发出一丝声响，它们能走出最标准的猫步，在猎物浑然不觉的情况下靠近对方。

当狮群跟在一群行进中的角马或斑马旁边时，我们几乎可以肯定，它们正在打着捕猎的算盘，静待时机的出现。然而斑马始终与狮群保持着安全距离。狮子是沉稳的掠食者，跟了一段路之后，甚至会停下来蹲伏等待。因为失去耐心就意味着提前失败，成熟的猎手不会冒失地打草惊蛇。在时机出现的时候，狮群会在心照不宣的默契下开始行动。有的母狮会陆续离开队伍，它们并不是厌倦了，而是为稍后的包抄战术做准备。你会发现，表面上它们无心恋战，但始终不会与猎物拉开距离。它们从各个方向观察猎物的动向，不动声色地缩短与猎物的距离。不到最后一刻，它们始终不着急。母狮放低身子，趴在草丛中，肚皮贴着地，一寸一寸地伏地前行，只有脑袋从草丛中稍稍露出。它们的眼睛一直死死盯着猎物，确保猎物没有觉察到危险。一旦猎物有所觉察而躁动起来，狮群则需要再次稳住局面，等待猎物再次放松警惕并平静下来。狮群凭借巨大的耐心不断接近猎物，并不断缩小包围圈，赶着猎物朝负责实施突袭的

母狮方向移动。

狮群的目的终于达到了，斑马不知不觉地落入了圈套。当它们终于意识到危险，开始躁动不安时，其实为时已晚。那负责发起进攻的母狮已经离它们非常近了。突然，狮群开始发起进攻，惊恐的斑马开始在围捕下按照狮群预定的方向狂奔。然而，等待它们的是早有准备的母狮。一个猛扑，它在几秒内完成冲刺，切断了斑马队伍，以迅雷不及掩耳之势朝着选定的目标扑过去，一口咬住猎物的颈部直到它死去。

狮群有着沉稳大气而又不失迅疾的捕猎行动，但并不是每次都能有所收获。其实，它们失败的次数远超过成功的次数，六次进攻有一次成功就很不错了。你可别小看在短短几秒钟的进攻中消耗的能量。一旦围捕失败，能量消耗只会更大。这将导致狮群不得不好好休整一段时间，才能再发起下一次捕猎行动。

捕猎行动之后

杀死猎物后，狮群将严格按照等级秩序分食猎物。领头的雄狮将优先大快朵颐一番，然后是母狮，

我可不怕

下图，一只蛇獴在万兽之王的脚边穿梭，狮子似乎并未注意到小家伙的存在。勇气和敏捷成就了小小蛇獴大大的名气。它貌不惊人，但是反应非常灵敏，不仅能够躲避毒蛇的进攻，甚至还能杀死毒性很强的眼镜蛇。这张图片里并没有蛇，但你仍然可以感受到蛇獴的勇气——狮子都不怕，还怕蛇吗？

左图，在南非隆多洛奇的私人禁猎区，一头母狮正试图捕杀一头水牛，它的同伴在一旁协助

最后才轮到小狮子。只有当猎物的体型特别大时，雄狮才会允许其他的成员靠近分享食物。狮群的食量和它们的战斗力一样惊人。风卷残云之后，猎物很快被吃得干干净净。如果猎物的个头不大，成年狮子吃完之后，小狮子就只能饿肚子了。

这对孩子来说好像有点残忍，可是对于族群的延续而言，让有战斗力的成年个体先填饱肚子绝对是必要的。如果狮群中没有领头的雄狮，大家庭在外来狮群的进攻下很有可能会分崩离析。而幸存的狮子只能离群索居，成为流浪狮子，艰难地生存。此外，母狮在家族中的地位也比孩子高，这是很自然的。它们为狮群带来了食物。如果没有母狮，大家都得挨饿，更别提抚育后代了。因此在食物面前，母狮理应拥有优先权。因此，小狮子并不会受到什么优待。在出生后的几个月里，小狮子的死亡率高达50%。它们或者死于饥饿，或者因斑鬣狗和其他同类的进攻而丧命。

繁衍与幼崽的生活

成年雄狮的求偶不会受到领头

聚焦

猎物

猎物的“责任”重大，因为它是狮群所有成员的食物来源。因此，狮子更中意捕猎大块头，比如斑马、角马或者体型较大的羚羊。杀死一只小小的瞪羚所消耗的能量肯定比杀死角马要小，可是狮子把一只瞪羚吃掉，也就是不饿而已。一个有几头雄狮的狮群，一天之内就可以把 250 千克重的斑马吃得干干净净。然后，它们可以休息好几天，为下次的行动积攒能量。

捕猎有风险

对狮子来说，捕猎也是有风险的。狮子在杀死斑马的行动中可能受伤：如果狮群没能在第一时间将斑马杀死，那么逃亡中的斑马会扬起后蹄奋力一踢，甚至能够踢碎母狮的下颚。导致它们再也无法进食，在受尽漫长的折磨后，强大的掠食者将被活活饿死。

捕猎羚羊也是有风险的，尤其是羚羊中的大块头。捻角羚、大角斑羚在面对狮群进攻时，都会用角抵御外敌。因此，母狮必须尽快锁住它们的喉咙，让它们动弹不得，才能保证胜算。

机会须把握

非洲水牛的体格庞大，可以让狮群吃好几天，是很划算的猎物。不过，水牛会进行积极的防御，并进行严密的团队合作。这也许会是一场惨烈的生死较量，因此狮子绝不会轻易发起进攻。狮子会仔细观察面前的牛群，选定一些落单的老弱病残者，在找到破绽之后，群起而攻之。

大象在狮子面前是绝对安全的，狮子不会找这个庞然大物下手，双方总是相安无事。长颈鹿、犀牛一般也不会受到狮群攻击，不过也总有例外。长颈鹿饮水时，必须将双腿分开或者干脆跪在地上，弯下腰，压低脖子。如果狮群在这时发起进攻，长颈鹿将很难有招架之力。

雄狮的干预。一旦求偶成功，这对伴侣就会暂时远离狮群，在几天内频繁交配。母狮在怀胎100~120天后将产下一窝幼崽，一窝最多有6只。狮群中几对夫妇的生育节奏是差不多的，换句话说，小狮子们的生日不会相差太远。

据说母狮会合作照顾彼此的幼崽，这一行为是否是母狮固定的社交模式，目前还没有定论。在塞伦盖蒂国家公园进行了长时间的观察后，狮子研究专家乔治·夏勒认为，这并不是狮群固有的抚育模式。不过，一些学者也指出，根据他们的观察，一些母狮去捕猎而离开幼崽后，其他母狮似乎会主动留下来照顾同伴的孩子。

不同的狮群行为并不完全相同，而是存在群体性的差异。尽管具有相似的天性，但作为一种社会性动物，狮子还要接受父母的后天教育。这种后天习得对于猫科动物来说至关重要。狮子的习性与行为都会通过后代模仿而代代相传。如果母狮喜欢捕猎某种羚羊，那么这种特定的“口味”也会传递给孩子们。因此，即使生活在相邻领地的两个狮群也可能表现出差异很大的生活习惯。

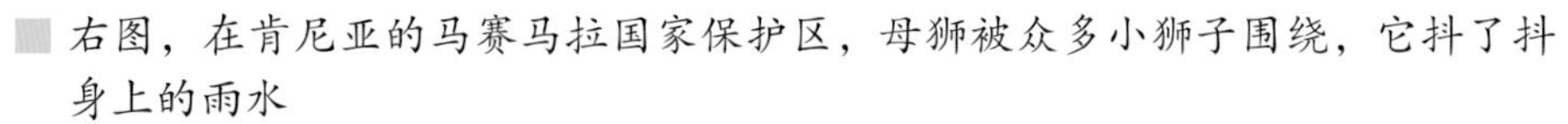

■ 上图，小角马与妈妈走散了，它似乎在母狮这里找回了母爱。不过，结局不会因为这短暂的温情一幕而改变

■ 右图，在肯尼亚的马赛马拉国家保护区，母狮被众多小狮子围绕，它抖了抖身上的雨水

小狮子活泼好动，这种天性对它们其实是一种保护。凶猛的成年狮子的野性也会在孩子们的天性面前有所软化，从而心生怜爱。但是，如果小狮子生下来就死气沉沉，甚

至还病恹恹的，它们就会被狮群里其他成员无情地杀死并吃掉。在狮子眼中，死去的同类也是天然的食物，同类相食在它们看来并不残忍。因为，在野生环境中，食物是不容浪费的。小狮子长到三个多月大，就会跟着母狮去捕猎；到了一岁多，它们也将积极地加入捕猎的队伍。

母狮在成年后还会留在狮群，而雄狮在三岁后就会离开老家。成年雄狮与跟从自己的母狮，或者从其他狮群中出走的母狮组建它们的新家，亦或找准时机入侵另一个狮群，将雄群赶跑，和母狮组建新的狮群。

印度也有狮子

过去，在非洲北部、东部，小亚细亚以及印度中部都能看到狮子出没的身影。而今天，狮子主要分布在非洲中部和南部的大草原。另外，在印度古吉拉特邦的吉尔保护区，还生活着为数不多的亚洲狮。狮群数量的减少，和人类活动的频繁、人类社会边界的扩张有着直接关系。

猎豹

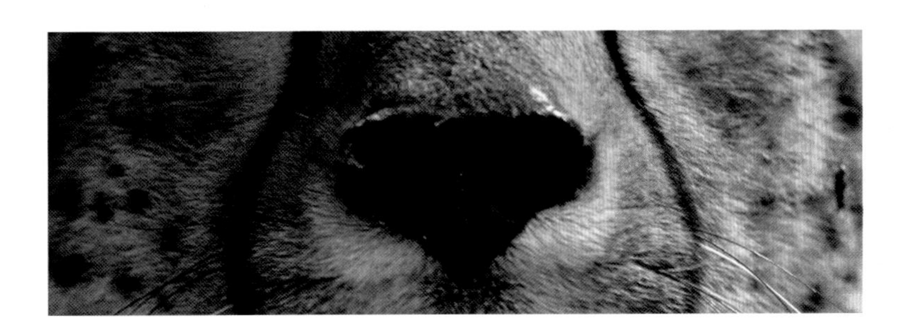

猎豹是一种非常特殊的猫科动物。动物学家甚至为它单列了一个种属——猫科猎豹属，而猎豹则是猎豹属下的唯一物种。

猎豹是速度最快的陆栖动物，这和它独特的身体构造有关。它的脊椎骨十分柔软，胸肌非常发达，腰身又细又长。这一流线型的体形让它在奔跑中显得轻盈有力。

它的爪子似乎是专为高速奔跑设计的，半伸缩的爪子能够刺入土地，抓地力更强。不过，它的爪子和狗的爪子不完全一样，随着时间的推移，半伸缩功能会让爪子外露的部分慢慢变钝。

小猎豹在出生几周后，背上会长出灰黄色的厚毛，这有助于它们在阴暗处藏身。猎豹走起路来貌似无精打采，可一旦奔跑起来，它伸缩性极强的脊椎则会旋转，轻盈的流线型身姿会是草原上力与美的结合。猎豹奔跑的最高时速可以达到

110千米，不愧是陆地上速度最快的动物。雌雄猎豹从外观上几乎无法明辨，雄性只是在体型上略大，二者在体能方面完全平分秋色。猎豹的体长为1.2~1.5米（不含尾巴），肩高80~90厘米，体重40~70千克。它们的皮毛非常有特点，黄赭色毛皮上遍布黑色斑点。从眼角开始有泪滴形的长线条，并延伸至鼻子两侧直到嘴边，看上去好似戴着一副面具。猎豹的尾巴很长，能有80厘米左右，尾巴的条纹越靠近尾端颜色越深，而尾端则成了黑色。个别猎豹皮毛的斑点更大、更密，融在一起形成一条波浪形纹路，因此它们被称为“帝王猎豹”。当然，这并不表示它们比同类更具帝王风范，这只是人类对它们的赞美。

社会组织

猎豹有着一定的社群行为。在不同环境中，它们有时群体捕猎，有时独来独往。它们只会在白天活动，喜欢空旷的环境。因此，我们能仔细观察并记录下它们生活的不同时刻。

猎豹的集群方式有两种。第一种是母子群，也就是母豹带着几个

■ 页码 16~17，两只年轻的猎豹注视着地平线，寻找猎物
■ 左图，奔跑中的猎豹完美地诠释了草原上的力与美
■ 上图，在坦桑尼亚的塞伦盖蒂国家公园，两只猎豹互蹭鼻子，这是它们巩固感情的方式

幼崽；第二种是一些雄性集群形成“联盟”，它们大多由同血缘的亲兄弟组成。在第二种情况下，领头的一般都是雄性。它们是集群中的大家长，但并不会通过武力来维护自己的权威。

猎豹的领地意识不是很强，不同集群的领地甚至可能重叠。不过，大家在同一领地捕猎，倒也能够相安无事。如果相遇，双方最多也就是交换个眼神，对对方的出现并不十分在意。如果母豹带着幼崽，它则会很警惕，对领地中出现的陌生同类会加以提防，主动避免与对方发生接触。

猎豹有自己相对明确的栖息地，可能是一个树干，也可能是某一个蚁窝，这是它们行动的原点。从这里出发，完成捕猎之后，它们会回到原点。不过，这个大本营并非一成不变。它们有时会弃掉栖息地，留给其他群体使用。

如果拿猎豹的习性与狮子进行对比，我们不难发现二者的差异。猎豹并不服从于严格的行为准则，它们之中不同的个体性格迥异，行动更散漫、自由。不过，在母子关

上图，在肯尼亚的马赛马拉国家保护区，两只年轻的猎豹在打闹嬉戏。它们脖子和后背上银色的鬃毛很明显

右图，两只小猎豹刚满3个月，它们的妈妈站在蚁穴上眺望远方

系上，狮子和猎豹都遵循着同样的哺育幼崽模式，并在生活中将捕猎技巧传递给处于见习期的小猎手。

繁衍与幼崽的生活

猎豹不是一雄一雌制，两性关系比较自由。一只母豹能与几只雄性交配，不过它们并不会因为争风吃醋而打起来。总之，它们的“婚配”情况并不固定。猎豹的妊娠期在3个月左右，每胎一般有2~8个幼崽。生下幼崽后，哺育后代的责任就全落在了雌性身上。妈妈去捕猎的时候，小猎豹就完全落单了，它们会躲在高草丛中。带着幼崽的母豹捕猎时不会走远，以确保幼崽们安全无虞。

猎豹小时候的长相很有特点，它们的体侧和肚子上都有颜色很深的毛，背部长着又长又高的毛发，从脖子一直延伸到尾根，如同贴身披风一样。这样的皮毛究竟有什么实际用处，人们对这一点仍然说法不一。有人认为，这有助于小猎豹在高草丛中藏身。还有一种假设是，背部的长毛披风让小猎豹乍看起来像蜜獾。因为蜜獾成年后的个头和小猎豹差不多，背部也有相似的银灰色披风，它们进攻性非常强，异常凶猛，能让敌人望而生畏。因此，这样的长相对小猎豹来说是一种保护。

小猎豹渐渐长大后，样子会发生变化。它们体侧的深色毛发会逐渐变淡，长出黄赭色为底的黑色斑点，背部浅灰色的长毛也会逐渐消失。

小猎豹在出生后很长时间内都会紧跟着妈妈。长到7个月大时，它们就会参与捕猎，成为一名见习猎手。母豹是孩子们最好的老师。妈妈会把弱小的猎物带回来给孩子，供它们捕猎练习。一般情况下，小猎豹的捕猎练习是从捕猎小羚羊开始的。

小猎豹长到15个月大时，它们已经发育完全，但有时候背部的长毛披风仍依稀可见。小猎豹也许还会跟妈妈在一起生活，但个头已经和母豹没有差别。在母豹再次发情之前，孩子们会离开母亲，真正开始自己作为成熟猎手的生活。

捕猎

猎豹喜欢开阔平坦的大草原。因为只有在这里，它们才能纵情地奔跑。其他的掠食者会利用高草来隐藏自己，避免过早地暴露在猎物面前，会慢慢地、一点点地逼近猎物。对于猎豹而言，高草显然束缚了自己的能力。因此，狮子或许瞧不上那些寸草不生的贫瘠之地，但那样的地方却能得到猎豹的青睐。对狮子来说，捕猎是围捕、突袭等策略的组合运用，而猎豹的风格更为直接。猎豹成功捕猎的关键，首先是它的速度，其次还是速度。猫科动物的耐力比不上羚羊，猎豹也是如此。它不是耐力型选手，在这方面它比斑鬣狗、非洲野犬还逊色三分。但是猎豹的爆发力是无人能及的，500米的短距离冲刺，它是当之无愧的王者。

在休息了一整晚之后，早起的猎豹开始行动，进入了掠食者的角色。猎豹的视力很好，视野也十分开阔。它们往往会先在地势较高的地方巡视一番，发掘可能的机会。在发现羚羊之后，猎豹会朝着猎物的方向慢慢靠近。它丝毫不担心自己会引起猎物的注意，因为它会在距离300米左右的地方主动停下来，然后在草丛中潜伏。这时的猎豹和其他大部分掠食者一样，会一寸一寸地缩短与猎物的距离。不过，猎豹对自己的速度极为自信，不必像狮子那样等到最近距离再发起进攻。它能在完全静止的状态下骤然提速，3秒钟之内达到100千米的时速。而且，团队协作无疑会进一步提高

■ 左图，一只猎豹朝着猎物靠近，它志在必得

■ 上图和右图，猎豹捕猎的两个阶段。进攻中的猎豹对速度充满了自信，一个猛扑咬住角马的喉咙，角马将很快断气而死

捕猎的成功率。在几只猎豹的配合下，猎物将被赶到位置更好的最终杀手那里。这样的画面会让人联想到经验丰富的牧羊犬。

此外，团队合作还有助于拿下体型更大的猎物。猎豹的体格比起狮子略显玲珑，单只猎豹杀死一只强壮的黑斑羚并不轻松。但如果能够与同伴联手，三四只猎豹能轻易地放倒强壮的角马或斑马，这就意味着获得了五六倍于羚羊的食物。

不过，羚羊仍然是猎豹最中意的猎物。在饮食上，猎豹的选择比较专一，其他猎物所占的比例并不大，几乎可以忽略不计。我们甚至可以说，有羚羊出没的地方，附近就有猎豹。羚羊的时速可达 80 千米。对于草原上其他的掠食者来说，狮子和斑鬣狗都不是它的对手，或者即使追上了羚羊，费半天力气也有点得不偿失。从这一点来说，羚羊是大自然为猎豹量身定做的猎物。

古埃及人看中了猎豹的奔跑能力，试图像养狗一样把它们驯化，将它们培养成围捕羚羊的助手，但未取得成功。■

不仅在非洲出没

猎豹原本在阿拉伯半岛、小亚细亚和印度都有分布。今天，猎豹的亚洲亚种主要生活在伊朗，而非洲亚种则主要分布在非洲东部和南部。

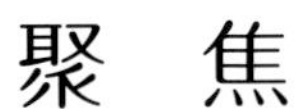

聚 焦

进 攻

猎豹决定发起进攻了，觉察到危险的羚羊立刻开始逃亡。羚羊的速度已经非常快了，只不过猎豹在起跑的瞬间已经确立了优势。不到一秒的时间，已足以让猎豹确定自己最有胜算的猎物——那只几乎快要掉队的羚羊，它很快就将为自己一瞬间的迟疑付出代价。当它意识到猎豹在空中划过的死亡弧线的终点将是自己时，一切都已经晚了。加速的猎豹一个猛扑，结束了一次完美的捕猎。

在距离猎物还有 500 米时，猎豹就会展开追捕。如果这样的距离还失手，它就必须停下来好好休息。刚才的冲刺已经耗费了太多体力，它至少需要休息半个小时，才能开始下一次行动。

成功概率

再优秀的猎手也不可能次次都得手，能力、经验以及体型都是决定成败的重要因素。一只富有经验的猎豹在体能最佳的情况下，两三次的捕猎也仅有一次能得手。

页码 26~27，母猎豹和它的孩子正在吃一只刚被杀死的格兰仕瞪羚

豹

比起狮子，豹也许更符合猫科动物给大众留下的印象。这只表面内向沉静的大猫有着灵活的身姿，而且武装到牙齿，有极强的适应力。

有一身美丽的豹纹未必是好事，豹因此成了一场持续千年的捕猎活动的牺牲品。直到近年来，人类对它的残酷捕猎才有所收敛和遏制。

在非洲大草原上，豹活动的身影在白天并不常见，它主要在夜间活动。豹在平时没有固定的巢穴，它经常爬到树上，在叉枝、横枝干上趴卧。豹纹非常惹人注目，这是一种有效的伪装，因为斑驳陆离的光影和豹的斑点混在一起，你不仔细看根本看不清树上的猎手。豹不仅生活在非洲大草原，在亚洲也有它们出没的身影。豹的适应性很强，可生存于多种多样的环境，包括森林、灌丛、热带雨林、山地、丘陵、干旱地、湿地甚至荒漠。豹是不挑食的掠食者，它的食物菜单中有羚

■ 页码 28~29，一只豹朝对手发出怒吼
■ 上图，在坦桑尼亚北部的杜图湖附近，豹站在树枝上展示强健的肌肉
■ 右图，白天，豹经常躺在树干上休息，它们是大草原的爬树能手

羊、斑马、狒狒、疣猪，还有大型食肉动物的幼崽，以及各种啮齿动物、鸟类、爬行动物，甚至还有鱼类。由于豹的食谱来源广泛，我们在半干旱的地方也能看到它们。只要水源稳定，豹就可以在那里安居一阵子。

豹的背部皮肤多是金黄色或赭色，头上、体侧与四肢的颜色则比较淡。背脊两侧的黑圈多为椭圆形，胸侧、腹侧的黑圈则接近圆形。豹的体长可达 2 米（不含尾巴），肩高可达 70 厘米。成年的雄性豹能有 90 千克重，雌性一般最重的有 60 千克。

不同地方的豹在大小和颜色上差异较大，在沙漠附近生活的豹颜色略浅。颜色最与众不同的莫过于黑豹，它们是豹的黑色型变种，分布于亚洲的森林里。

豹的视觉、听觉、嗅觉极为灵敏，它们是优秀的掠食者。无论是迎着烈日，还是在伸手不见五指的黑夜，它们都能看得清清楚楚。因此，你不必担心它们在晚上可能从树上掉下来。

豹的听力比人类发达许多，能听到很多人类听不到的声音，它们的听力范围比人大一倍。因为这样的“千里眼”和“顺风耳”，豹能够精准地定位任何一个猎物，哪怕猎物隐匿在黑暗中，也逃不过豹的火眼金睛。

社会生活

豹喜欢独来独往，根据地区的不同，它们可以在一年当中的任何时候进行交配和繁衍后代。在繁殖和哺育后代的初期，它们也会出双入对。

它们的活动领地通常有 20~40 平方千米，在有些地区可能还更大。这些活动领域的边界并不清晰，互

上图，一只母豹在交配后，对雄性发出进攻行为。下图，一只豹正看着水中自己的倒影。豹并不怕水，它们的食谱中经常能看到鱼

右图，母豹嘴里的幼崽显得不太舒服。但事实上，这是母豹转移幼崽的典型做法

相之间可能重叠，它们甚至允许与其他猛兽并存。在领地中，豹的活动范围并不固定，这几天常常在一处休息，过几天可能就将其弃掉不用而寻找新的目标了。

繁衍后代和幼崽的生活

发情期的母豹会释放出非常明确的信号，它们的气味会吸引异性前来求偶。有时会有两个异性同时

前来示好，从而引发一场争风吃醋的恶战。通常情况下，失败者会甘心出局，保持较好的风度。配对成功的伴侣会选择有遮蔽的安全地方，为孩子的出生做准备。它们一般会寻觅倒木或草丛的凹处做窝。如果母豹觉得不安全，会及时把幼崽转移到安全的地方。

母豹转移幼崽的方式很有意思，很多猫科动物都有类似做法。看它们咬着幼崽脖子行走，你可能会为幼崽捏把汗。不过因为脖子部位的神经很少，小豹并不会感到疼痛。

生产后，豹父母会同居一段时间，雄性会外出捕猎，担负起养家的责任。小豹刚生下来的时候，眼睛什么都看不见，十分幼小、脆弱，但是小家伙们长起个儿来毫不含糊。一段时间后，母豹将决定是否该离开幼崽们的爸爸，并独自将幼崽们抚养长大。

幼崽在母亲的哺育下，3个月后就会长成活泼好动的小猎手。它们不会放过任何锻炼捕猎技巧的机会。附近飞过的昆虫、爬过的小蜥蜴，都可能会成为它们的头一批猎物。

一岁的小豹已经有能力在捕猎中和母亲并肩作战。几个月的实战演练之后，年轻的猎手会离开母亲，成为草原上一名新的孤独猎手。

聚 焦

猎 物

看这只羚羊，它的脸上写满了惊恐，但被吃掉的命运已经无法改变。豹有一个让人意想不到的死敌——狒狒。当一群狒狒远远看见豹时，会立刻警觉起来，卫兵狒狒马上向同伴发出警告。两三只领头狒狒也开始摩拳擦掌准备迎击花斑猎手，其他狒狒则会尽快爬到树的高处躲避。狒狒的战斗力惊人，它们拥有有力的爪子、发达的犬齿和很强的侵略性。对豹来说，狒狒是很棘手的猎物。在双方的对峙中，一旦有母狒狒或小狒狒掉队了，豹就会抓住机会迎头追上——在这样的局面下，得胜的往往是豹。

特殊的目标

豹常吃的猎物还有豪猪。面对豪猪满身的刺，许多掠食者会不知所措，最后只好放弃。豹在进攻时非常会抓重点，它会不断地在豪猪身边转悠，瞅准机会就往它脸上猛击，而脸是豪猪身体上最脆弱的地方。当然了，豪猪也会不断兜圈子，用自己的刺对着豹，让对方难以下手。在棘手的猎物和耐心的掠食者的较量中，谁胜谁负并不难猜。

食性广泛

豹的猎物还可以列出一串长长的名单，大到黑斑羚，小到老鼠，都有可能成为饥饿的豹的盘中餐。这只是大草原上的猎物，如果考虑到豹对环境的适应能力，它的捕猎对象范围可就更大了。猎豹、狮子、斑鬣狗的雌性在带孩子时，如果看到豹靠近，会认为对方对自己和孩子有威胁，而毫不犹豫地攻击这位同行。疣猪也是豹经常捕猎的对象，不过成年雄性疣猪的獠牙是犀利的武器。豹和猎豹在捕猎疣猪时，如果疏忽大意或经验不足，随时会被疣猪刺伤甚至因此送命。

页码 36~37，心无旁骛的豹正在悄悄地靠近猎物

上图，豹在打两只南非剑羚的主意。从对方又长又尖的角来看，其显然不是唾手可得的猎物

捕猎

豹的捕猎技巧是因地制宜、略有差别的，它们的捕猎过程总体上可分为两个阶段：第一个阶段是被动的等待，第二个阶段是主动的袭击。在草原树木茂盛的地区，白天行动的豹往往更被动，而夜猫子则更加积极。

等待中的猎手看起来慵懒又没有精神，似乎只是在树枝上趴着。但是，在树枝和斑驳的阳光给予的伪装之下，从附近经过的猎物却完全感受不到来自树上的杀气。当猎物足够接近的时候，豹就会从树上一跃而下，砸到猎物的背部，死死地咬住它的喉咙，最后轻松杀死对方。这种捕猎方式的好处显而易见，豹既最大程度地节省了体力，漫长的等待也有了回报。

豹的主动捕猎和其他猫科动物一样，尤其在靠近猎物的这一阶段。

上图，一只豹可以毫不费力地把猎物咬在嘴里，同时爬上一棵笔直的树。图中，豹的嘴里是它刚刚捕杀的母黑斑羚

其实，对任何掠食者来说，尽可能拉近与猎物的距离都是成功的关键。当豹主动出击时，同样会隐蔽在草丛中，在树木掩护下不断地靠近猎物。它们的尾巴会紧张地绷直，每一步都体现出它们巨大的耐心，就连爪子的抬起和放下都像慢动作一样。这样持续几分钟之后，它们会在最后的一刻突然跃起。欲速则不达，而兵贵神速，豹的捕猎就完美地诠释了这一点。

在捕猎中感知并判断风向，让自己处于有利的方位，防止风泄露了自己的信息，这种能力对捕猎者来说非常重要。有的学者认为，豹就有这样的能力。但是，在实际观察中我们也发现，豹在捕猎的时候经常站错风口，也因此导致捕猎的行动“流产”。因此，豹能够站在有利的风口捕猎，也许只是偶然而为之，并非战略的选择。当然，不排

上图，在肯尼亚的马塞马拉国家保护区的拂晓时分，豹已经进入捕猎状态

除一些经验老到的猎手总能成功地判断风向。总之，当掠食者已经非常靠近猎物时，灵活的腾空起跳便是胜局的最后一步。当我们看到花斑猎手凌空飞起的可怕阴影时，猎物所剩的时间已经不多了。豹的时速可达60千米，这一速度虽然追不上羚羊，不过要拿下许多其他的猎物还是绰绰有余的。

豹在杀死猎物后有一个习惯，它们会把战果挂在高高的树上。这样同行竞争者如狮子和斑鬣狗就不会过来争食了。豹能咬住80千克的黑斑羚爬上金合欢树或猴面包树。这样的“壮举”，在猫科动物中只有它能够做到。

在亚洲

以前，豹的分布十分广泛。除了撒哈拉沙漠中部，在整个非洲都能看到它的身影。此外，东南亚的岛屿也曾有豹生活。今天，豹虽然在非洲、亚洲仍然有广泛分布，但数量已不如往日。随着动物保护措施的落实，豹的生存环境将有较大改善，数量也会有所增加。

小百科

风水轮流转

这3幅照片依次记录下了豹的3个尴尬瞬间。在第一张照片中，体重只有豹一半的非洲野犬扭转乾坤，奋勇出击。豹则灰头土脸，落荒而逃。非洲野犬哪儿来的勇气呢？原来，这只豹大大低估了非洲野犬的团队精神，好在自己会爬树，暂时是安全的。看第三张照片，我们就明白了团队的力量是巨大的。不过，前一秒颜面尽失的豹上树之后又恢复了王者气度。它俯视着树下无计可施的非洲野犬，不知道心中是庆幸多些，还是得意多些？

第二章
掠食者与清道夫

有的动物长得奇丑无比、惹人嫌弃，然而它们的饮食习惯比长相可能还要让人反胃。

说句公道话，仅仅因为它们长相凶残、吃相恶心就讨厌它们，也是不太公平。这些动物中有非洲野犬、斑鬣狗、黑背胡狼、秃鹫等。它们同样是草原生态系统中的重要成员。通过长期客观的研究，科学家为我们揭示了这些声名狼藉的动物在大草原生态系统中同样有着不可或缺的价值。

左图，在肯尼亚的马塞马拉国家保护区，一只黑背胡狼混迹在一群斑鬣狗中

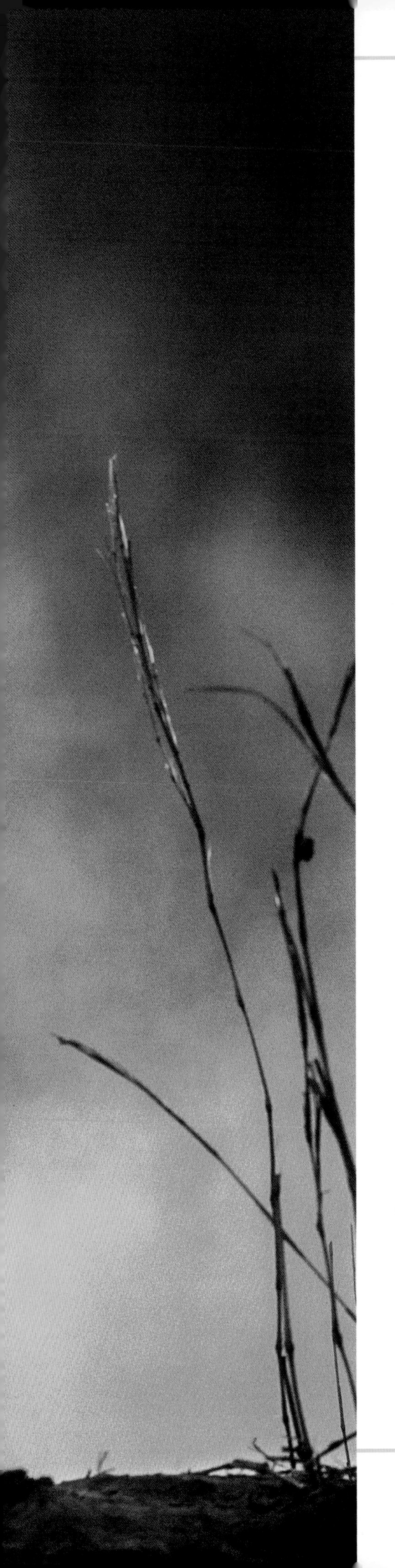

非洲野犬

非洲野犬的脸部颜色很深，有点像斑鬣狗。作为犬科家族的成员，它们的确是狗的近亲。

非洲野犬的体型，雌雄差别不大，一般肩高70厘米左右，体长（不含尾巴）约有1米，体重可达35千克。它们的身体细长，腿部肌肉发达，每只脚有4个脚趾。

非洲野犬的毛色奇特而华丽，与其他犬科动物有明显的差别。每只非洲野犬的斑纹都是独一无二的，不存在两只色斑完全相同的同类，所以可以通过色斑对其个体进行精确辨识。

非洲野犬的味觉和听觉非常发达，此外，它们绝佳的视力也在捕猎中起着决定性作用。因此在确定猎物方位这一点上，非洲野犬很少出错。

社会组织

非洲野犬是社会动物，每个群

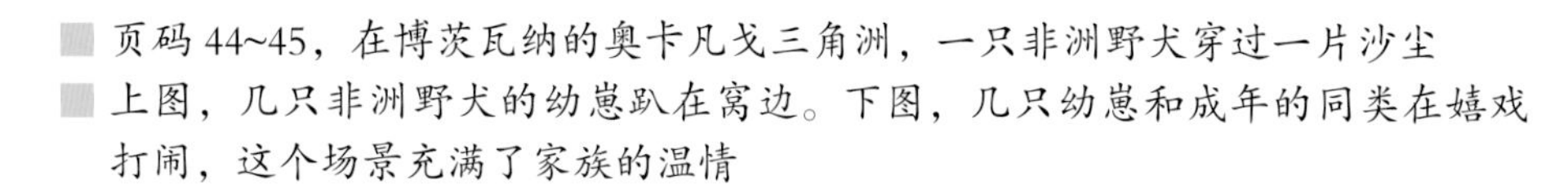

■ 页码44~45，在博茨瓦纳的奥卡凡戈三角洲，一只非洲野犬穿过一片沙尘

■ 上图，几只非洲野犬的幼崽趴在窝边。下图，几只幼崽和成年的同类在嬉戏打闹，这个场景充满了家族的温情

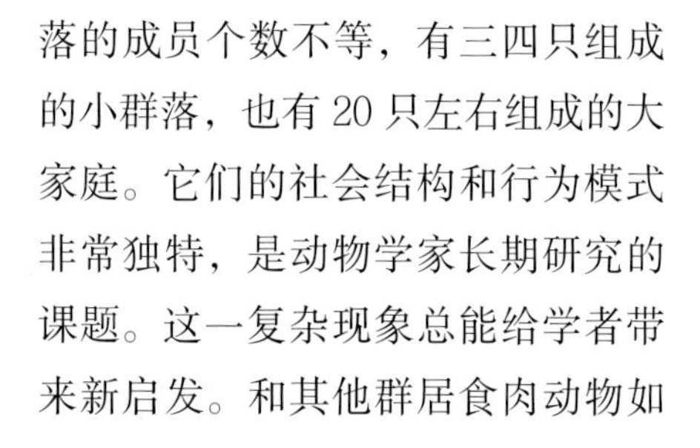

落的成员个数不等，有三四只组成的小群落，也有20只左右组成的大家庭。它们的社会结构和行为模式非常独特，是动物学家长期研究的课题。这一复杂现象总能给学者带来新启发。和其他群居食肉动物如狮子和斑鬣狗相比，非洲野犬群落的成员之间关系友好，幼崽和伤残个体都能得到照顾。健康的成员会给病弱者反刍半消化的肉吃，有时一份食物会在群落内多次反刍分享。有学者指出，这好比一群野犬有一个共同的胃。

在群落内，雌性与雄性遵循自己的等级关系，大家庭的共同首领是成年雌性，而雄性另外还有一套等级制度。群落中可能有多名雄性，但只有等级较高的成员才有优先交配权。

小百科

掠食者也讲民主

非洲野犬的社会组织相当民主，它们会通过打喷嚏投票进行决议。

当一只非洲野犬想去捕猎，它就会靠近自己的同伴，然后打个喷嚏。如果同伴表示同意，也会打一个喷嚏表示回应。发起者会一个一个依次问过去，如果得到了足够多的赞成票，那么所有的非洲野犬就会集体出动。

相反，如果喷嚏声不够多，那么这次捕猎的行动就算被否决了，大家则会继续按兵不动地休息。

左图，在赞比亚的南卢安瓜国家公园，一群非洲野犬好奇地打量着远程遥控的摄像头。它们脸部的颜色都一样深，而身体的颜色则各有不同

繁衍和幼崽的生活

非洲野犬会利用土豚或疣猪废弃的窝来抚育后代。母犬一年四季都可能发情交配，一窝可以生下十几个幼崽。在群落内部，母亲们会共同抚养各自的孩子，对它们一视同仁。公犬也会主动分担照顾弱小的任务，它们是草原上团结互助的最好代言者。

捕猎

非洲野犬在白天捕猎，一般在一大早或者太阳下山前的一两个小时开始行动。速度和耐力是它们捕猎的关键。在足够接近猎物之后，它们将展开激烈的追逐。汤普森瞪羚和格兰仕瞪羚是非洲野犬的主要捕猎对象，它们都是以速度见长的

上图，一群非洲野犬在分享刚刚杀死的猎物

右图，一群非洲野犬围猎角马

有蹄类动物，在逃亡的一开始就能够毫不费力地甩开非洲野犬。

但是相比而言，非洲野犬在耐力上占优势，能逐渐拉近与猎物的距离。它们能够以50千米的时速跑上好几千米，奔跑的距离一旦拉长，羚羊迟早会耗尽体力，放慢速度。年迈、体弱的羚羊会跟不上逃亡的队伍，掉队的命运将毫无悬念。精疲力尽的羚羊将被猎手团队擒获，被击倒在地后再被无情撕咬，最后因为失血过多而死亡。非洲野犬进食的画面非常残忍，此时猎物还没断气，眼睁睁地看着自己被吃掉。一只羚羊在两三分钟之内就会被吃净，而吃掉体型更大的动物比如角马，非洲野犬也不过多花几分钟而已。

非洲野犬捕猎的成功率很高，远高于其他掠食者的平均值。熟练配合的团队通常能够保持80%的成功率。

生存堪忧

由于分布过于分散，加之人类活动也影响了它们的生存，此外，许多畜牧业者也将这种聪明的掠食者视为侵扰家畜的“敌人”，今天的非洲野犬已经处于濒危状态。

斑鬣狗

斑鬣狗的确长得很丑，它的名声不太好绝对跟长相有关。

斑鬣狗长得很丑，身材比例看起来也很别扭，后肢比前肢短，因此显得躯体较短。不过，这样的组合却有利于捕猎，因为肩高而臀低、颈长，令它可以看得更远，而不必担心过早被猎物注意到。

斑鬣狗的脑袋很大，外形和犬类相似，但是动物学家认为斑鬣狗有许多专属特征，因此将它单独分为斑鬣狗科。斑鬣狗的体毛很浓密，脖子和后背是棕黄色或棕褐色的，并且有许多不规则、颜色深浅不一的黑褐色斑点。斑鬣狗的脸部颜色很深，长着一对又圆又大的耳朵，这意味着它们的听觉十分发达。它们与狗的亲缘关系虽然不近，但嗅觉和狗却不相上下。

斑鬣狗长着一口锋利无比的牙，

并拥有强大的颌骨，能够粉碎坚硬的骨骼，从中获得营养丰富的骨髓。在非洲大草原，它的咬合力是最强大的。它的犬齿虽然没有狮子的那么大，但是和它自身的体型相比，已经十分突出；它的门齿粗壮，锥形前臼齿和裂齿发达，能够较轻松地咬开骨头。连肉带骨的猎物肢体一旦入口，只听“嘎吱嘎吱”的咀嚼声，猎物的骨骼就会被磨成骨粉。它咬断黑斑羚的角就好像我们掰断一根面包棍一样轻松。

斑鬣狗的肩高约 90 厘米，身长 100~150 厘米。雌性比雄性稍重，体格也略大，体重能达 80 千克。有趣的是，斑鬣狗的雌性也长有和雄性相似的外生殖器，如果不仔细辨识，完全无法明辨雌雄。

社会组织

斑鬣狗是群居动物，每个群落约有 80 名成员，领地范围有 30 平方千米左右。每一个群体还可以分为更小的团体，成员 2~10 个不等。在捕猎中，不同的群体有时会自发联合在一起，组成更大的队伍协同作战。和许多猫科动物不同，斑鬣狗很会制造噪声。由于经常在夜间活动，斑鬣狗

页码50~51，在肯尼亚的马赛马拉国家保护区，一只斑鬣狗的眼神充满好奇
左图，孩子们和长辈在嬉戏玩耍，这是增进群落成员感情的有效方式
上图，一只斑鬣狗似乎在笑。下图，母斑鬣狗带着孩子们小心翼翼地从窝里探出脑袋

必须依靠不同的叫声来加强群体成员之间的联系。它们能发出十多种叫声，有的声音听起来就像令人毛骨悚然的怪笑。斑鬣狗的群落是母系社会，母首领的支配地位毋庸置疑，而雄性之间还有自己的等级制度。雄性在求偶时权利平等，但实际上只有等级更高的成员才能得到雌性的青睐。

幼崽的生活

斑鬣狗群落的领地内通常会有一个面积较大的窝，对所有成员开放。它们会在其他动物（比如土豚）遗弃的窝的基础上进行扩建，或者打通相邻的窝。斑鬣狗的窝有好几个入口，大小能容纳十几个成员同时生活。斑鬣狗会在离家几千米远的地方捕猎，有时候一去就是好几天，但最后还是会回到大本营。窝最中心的地方最安全，妈妈们会在这里哺乳，它们会将各自的孩子都聚在一起，不过只喂自己的孩子。斑鬣狗在18个月大的时候会断奶，然后离开家庭，开始和群落的成员一起活动。新的成员将会被大家平静地接受。

小百科

难以抵抗的召唤

狮子和斑鬣狗一起分食猎物的场景经常会在大草原上演。为什么它们常在同一画面中出现呢？著名动物学家录制了斑鬣狗的叫声，然后用大喇叭在草原上广播。当斑鬣狗如狂笑般的叫声回荡在草原时，他们惊讶地发现，狮子很快循声而来！原来，狮子对斑鬣狗呼朋引伴的叫声十分敏感，它们知道只要找到声音的源头，就能在那里大快朵颐一番。于是，有肉大家吃的景象就成了狮子、斑鬣狗的草原生活的日常。

左图，在肯尼亚的纳库鲁湖，一只斑鬣狗的突袭惊扰了红鹳，受惊的鸟儿同时振翅飞走

上图，在水中，斑鬣狗的速度要慢一些。不过这里的猎物十分密集，在突袭之后，斑鬣狗想要有所收获并不困难

右图，成功突袭的斑鬣狗和它嘴里已经绝望的红鹳

捕猎

人们一般会认为，斑鬣狗是“机会主义者”。也就是说，它们会亲自捕猎，也会经常抢夺其他食肉动物所捕获的猎物，是不劳而获的典型代表。但实际上，这是对它们的偏见。

当你看到狮群在分食一匹角马，而一旁的斑鬣狗饥肠辘辘地在等待时，可先别着急下结论。大多数情况下，真相和你看到的刚好相反。十次有九次，成功杀死角马的不是狮子而是斑鬣狗，真正不劳而获的其实是狮子！

斑鬣狗一般在晚上捕猎。它们或单独行动，或组队合作，捕猎成功的奥秘在于不轻言放弃。一场捕猎对它们而言是一场鏖战，可能持续相当长的时间。

当一只斑鬣狗开始追逐角马，它会在奔跑中用叫声引来同伴。很快，一对一的追捕将变成一场围捕。直到最后，精疲力尽的角马被一拥而上的斑鬣狗扑倒。但角马并不会立刻死去，因为斑鬣狗不像狮子那样先咬住猎物的脖子令其断气，而是兴奋地撕咬猎物的肚子、颈部、四肢及全身各处。猎物还没有彻底断气，就已被活活吃掉很大部分。

一个中等个头的猎物如黑斑羚，在几分钟内就会被斑鬣狗群撕成碎片，什么也不剩。斑鬣狗吃肉不吐骨头，连皮毛也不会剩下，它们会竭尽所能地摄取食物中的营养。

除了角马，斑马、羚羊也常常成为斑鬣狗的食物。此外，腐尸也是斑鬣狗食物的重要来源，为斑鬣狗提供了约10%的营养。

分布情况

人类对斑鬣狗存在着偏见，不过，它们当然并不以为意。它们对环境的适应能力很强，今天它们仍然是非洲大草原最常见、数量最多的食肉动物。

胡狼

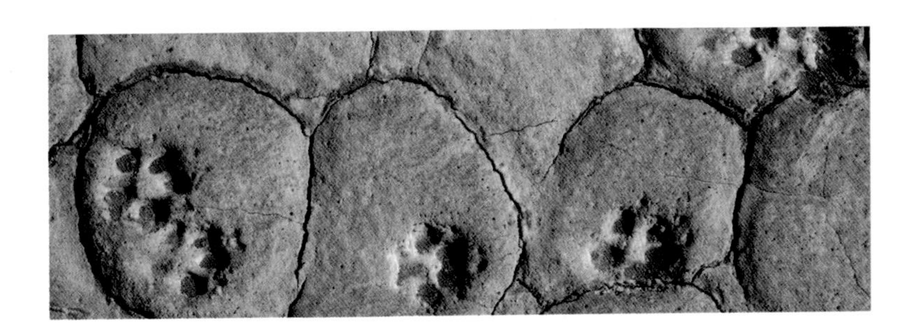

胡狼的体型不大，战斗力却不弱。许多体型较小的猎物，大型食肉动物往往瞧不上。胡狼可不会嫌它们小，事实上抓捕小型猎物正是它的专长。

胡狼的食谱比很多单纯的食肉动物更丰富。它们吃昆虫、水果，甚至可分解的垃圾。因此，这种掠食者经常会越界进入人类的农耕区域。人类讨厌胡狼，不是没有原因的。此外，它们倒是符合“机会主义者”这样的名号。在大型猫科动物出没的地方，总有胡狼扒拉残羹冷炙的身影。

在这个大家族中，黑背胡狼的名气最大。因为它们的长相最为特殊，黑色皮毛从脖子后面延伸到尾巴，耳朵又大又尖。侧纹胡狼的体侧有白色的斑纹且镶有黑边，它们也因此而得名。在换毛的季节，它们的毛色会变。它们和黑背胡狼长得有点像，经常被弄混。还有第三种胡狼名叫金背胡狼，不过在生物

■ 页码 56~57，黑背胡狼得名于背上灰黑色的毛
■ 上图，胡狼和秃鹫经常会为了分食腐尸而打得不可开交
■ 下图，3 只黑背胡狼的幼崽在好奇心的驱使下，在洞口看着外面的世界

学上如何给它分类，目前还没有最终定论。

以上几种胡狼的体型差别不大，肩高 40~45 厘米，不含尾巴体长有 90~100 厘米，体重都在 10 千克左右。

社会组织

胡狼的家庭为“一夫一妻”制，在结成伴侣后它们将断守一生。它们往往不会集体行动。不过如果发现了狮子吃剩的大型动物的骨架，它们也会成群结队地出现。

上图和右图中是难得一见的埃塞俄比亚狼，它也是胡狼的一种，分布在海拔 3 000~4 000 米的非洲高山地区，主要以高山啮齿动物为食，尤其是大东非鼹鼠。不过这一猎物现在也很少见了。埃塞俄比亚狼已经是濒危动物，它们对生活环境的要求较高，生活的区域非常狭窄，生存竞争比较激烈。这也是它们相比于非洲同类，数量不断下降的原因之一

繁衍后代和幼崽的生活

母胡狼妊娠期约为两个月，平均一胎可诞下五六只幼崽。它们会选择在窝里或是在灌木丛的隐蔽处生产。有时候，幼崽会一直跟在父母身边，如果又有新生命诞生，它们会帮着照顾弟弟妹妹。这样的家庭结构会一直维系到长大的胡狼真正离开家的那一天。

捕猎

胡狼的胃口不算大，它捕猎的对象以小动物为主，如啮齿动物、鸟类以及它们的卵，有时还有蜥蜴和昆虫。一旦在草丛中发现了猎物，它们会立刻发起进攻。它们行动敏捷，善于跳跃。

胡狼是独行猎手，有时也会相互合作。当它们瞄上了一只年幼的羚羊，便会有成员先去攻击羚羊妈妈，转移妈妈的注意力。另一个成员则趁此机会攻击小羚羊，声东击西，完成一次成功的捕猎。

胡狼对食物从不挑剔，遇到什么吃什么。它们是草原上的清道夫，对于大型掠食者吃剩的腐尸，它们也丝毫不嫌弃。

资源丰富

胡狼的智力丝毫不逊于狐狸，对环境和饮食条件的适应能力也很强。而那些对生活环境要求较高的食肉动物，对于周遭生态的变化则过于敏感。在漫长的岁月中，它们不是灭绝了，就是数量急剧减少。而胡狼虽然并不招人待见，但至今还在广袤的非洲大地上繁衍生息。

非洲秃鹫

在非洲大草原，生活着好几种秃鹫。它们以动物的腐尸为食。在掠食者的天堂，它们从来不缺吃的。

说到非洲的秃鹫，最常见的应该是非洲兀鹫。它们的翅膀完全打开足足有 2.2 米宽，飞行时如同天神般巡视着非洲大草原。

此外，还有一些数量相对少的秃鹫，它们的战斗力丝毫不逊色。例如黑白兀鹫和南非兀鹫，它们的翅膀打开有 2.5 米宽。肉垂秃鹫的翅膀打开能达到 3 米宽。

白头秃鹫、白兀鹫和冠兀鹫的个头相比之下则要小一些。

捕猎

有一些秃鹫是群居性动物，比如格里芬秃鹫不仅会在群居状态下筑巢养育后代，还会合作觅食。

秃鹫的觅食方式很特别，它们主要依靠发达的视力。即使在高达

1 000 米的高空，它们锐利的双眼也能精准定位腐尸的位置。飞得高自然看得远，巡视大草原的秃鹫对数千千米范围内的活物情况都了如指掌。

一旦有成员发现可乘之机，它会马上降低飞行高度。在它的带领下，所有的秃鹫似乎会在一条看不见的线的牵引下，一同降低飞行高度。陆续抵达命案现场。有时候，当天上的不速之客抵达的时候，地上的掠食者还没吃完呢。■

分布情况

不同种类的秃鹫数量自然有差别，总体上说，它们都没有过去那样成员兴旺了。许多国家都采取了相应的措施来保护它们。人类已经意识到，作为非洲大草原的清道夫，它们是健康的生态环境的突出贡献者。

小百科

胆大的小猎手

白兀鹫的个头不大，可是胆子不小。哪怕腐尸旁边还有尚在进食的食肉动物，它们也敢往上凑，试图与大个头分一杯羹。白兀鹫爱吃鸵鸟蛋，聪明的它们会衔起一个石头飞到空中，瞄准地上的鸵鸟蛋砸去。砸碎蛋壳后，它们就能毫不费力地美美吃上一顿。

- 页码60~61，在赞比亚的南卢安瓜国家公园，一天即将结束，一群格里芬秃鹫在休息
- 左图，格里芬秃鹫看到了一具腐尸，它正在降落
- 上图，白兀鹫是群居性鸟类。它们会组成稳定的伴侣，并会重复使用多年前筑的鸟巢。下图，格里芬秃鹫和已经被吃得很干净的角马腐尸

第三章
小型掠食者

说到非洲大草原的掠食者，我们首先想到的往往是大家伙们：狮子、猎豹、斑鬣狗。有的掠食者个头不太引人注意，但它们的足迹同样遍布非洲大草原。没有它们，大草原生态多样性的整体就是残缺不全的。

跟狮子相比，它们似乎无足轻重。不过，小个头也有大能力。这些小型掠食者能捕杀跟自己个头相匹配的猎物，当然了，这些猎物可能还不够狮子塞牙缝的。它们以小蜥蜴、鸟类、小型啮齿动物及昆虫为食。如果没有它们，草原上的昆虫将会泛滥，从而导致生态环境失衡，最后危及所有成员的生存。

左图，一只3个月大的狞猫，小家伙已经有了掠食者的威风

吃蛇的勇者

狡猾的蛇是致命的猎手。它们生性安静，却能在无声中杀死猎物。但是一物降一物，令人望而生畏的蛇也有天敌。那个能够制服蛇的掠食者，本身的个头也不大。

蛇獴

蛇獴的个头不大，但脾气不小。它们具有很强的攻击性，尤其喜欢吃各种蛇类。即使是有剧毒的毒蛇，它们也不怕，尤其会主动跟眼镜蛇对抗。

蛇獴个体间的长相和饮食习惯差异不大，它们的猎物范围很广。蛇獴吃蝎子、蜈蚣、小蜥蜴、小鸟、鸟蛋、青蛙、昆虫，当然还有蛇——仅从蛇獴的长相来看，你也许很难明白它从哪里来的勇气对抗毒蛇。

在漫长的进化中，蛇獴演化出了对眼镜蛇和曼巴蛇的蛇毒免疫的能力。因此，它们完全无惧能够致

聚　焦

竞争对手

其实，蛇并不是蛇獴的主要食物。蛇獴和蛇的捕猎范围有很大的重复，所以它们也是水火不容的竞争对手。

如果蛇獴和蛇出现在同一个领地，那么一场恶斗将不可避免，但最后取得胜利的往往是蛇獴。它的制胜法宝是闪电般的反应速度，因此它能够躲过蛇的数次进攻。在几次扑空之后，蛇就没力气了，速度也慢了下来。蛇的松懈成了蛇獴进攻的最好时机，它抓住机会咬住蛇的脑袋或者脖子，成功将其一击毙命。

页码 66~67，两只蛇獴站立起来，巡视着领地

上图，一条非洲树蛇在蛇獴的追击下，脖子膨胀开，向对方发出警告，但是蛇獴丝毫不畏惧
右图，蛇鹫是世界上长相最奇怪的猛禽之一

人于死地的蛇毒。目前尚不清楚蛇獴对鼓腹蝰蛇的蛇毒是否也具有免疫力，但可以确定的是，蛇獴绝对不怕它们。

蛇鹫

一听到蛇鹫的名字，你就知道这种猛禽以什么为食了。它是隼形目蛇鹫属下的大型陆栖猛禽。

它的身高可达一米多，长着一双鹤一样细长的腿，黑白相间的羽毛像喜鹊。但它的脖子又很短，和双腿相比有点比例失调。它的头上有黑色羽毛装饰，翅膀后部和尾部的飞羽也覆盖着黑色羽毛。它长着弯刀一般的鸟喙，如凶猛的鹰隼一般。在捕猎中，它会优雅而不失耐心地居高临下，寻找草里出没的蛇。在发现猎物后，它会不紧不慢地在蛇附近徘徊跳跃，等对方精疲力尽时，再瞅准时机用利爪抓住蛇的要害，用鸟喙把蛇咬死，即使毒性最强的蛇也无法成功逃脱。它还吃其他的啮齿动物，如野兔、猫鼬、老鼠、松鼠，以及一些鸟类。

蛇鹫有一个有趣的外号“秘书鸟”，因为头上长有20根黑色冠羽，看起来就像一名耳后夹着羽毛笔的文书。

在蛇鹫生活的环境中，还能见到鹞鹰，它们也是捕蛇能手，不过两者风格迥异。鹞鹰会先将蛇一口吞掉，然后直接返巢，反刍给嗷嗷待哺的孩子。

岩巨蜥

岩巨蜥的长相令人过目不忘。这个大块头在很多环境中都能生存。在非洲大草原上，它是当之无愧的

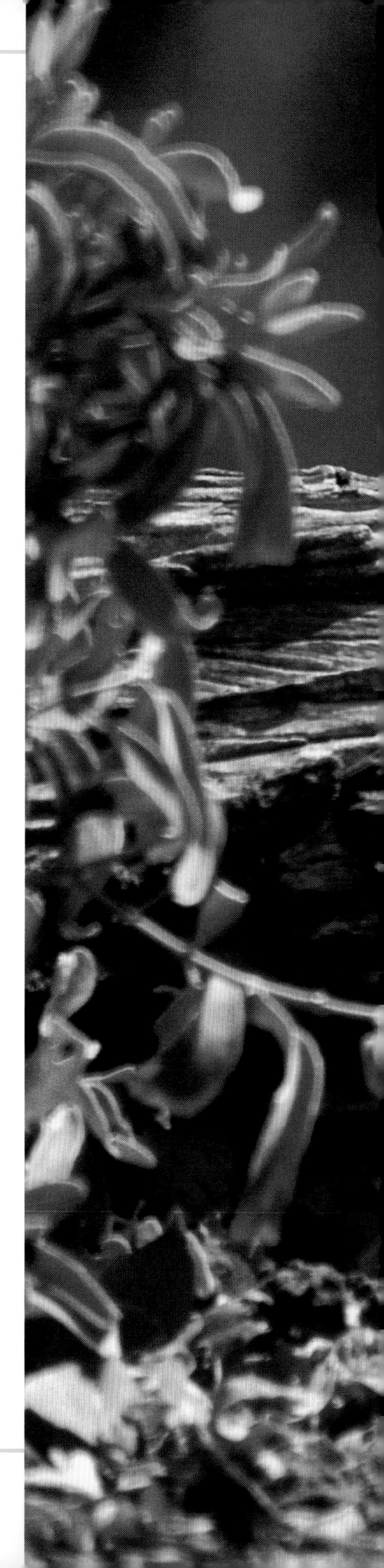

■ 上图，一只荒漠巨蜥向蛇发起进攻。一般在这种情况下，蛇会凶多吉少，而巨蜥则能填饱肚子

■ 右图，一只岩巨蜥。它也经常与眼镜蛇发生恶战

掠食者。一般而言，它身长2米，体重可达15千克，是生活在非洲的最大的爬行动物之一。虽然分布在非洲南北的尼罗巨蜥比它长，但没有它重。

岩巨蜥以小型哺乳动物、昆虫、鸟类和其他爬行动物为食，蛇也是它的手下败将。岩巨蜥与眼镜蛇的激战剑拔弩张，惊险刺激，一般都以岩巨蜥的取胜而告终。它们坚硬的皮肤百毒不侵，即使毒蛇也拿它们毫无办法。

岩巨蜥的咬合力惊人，此外它还有强大的秘密武器，那就是它的尾巴。在对抗中，岩巨蜥的尾巴能够发挥出秋风扫落叶般的威力，不仅能够有效地防身，还能够出奇制胜。

在非洲东部的一些地方，有人认为它们的血有药用价值，具有强大的治疗功效。在暴利的驱使下，岩巨蜥成为人类迷信与捕猎的牺牲品。■

独行的掠食者

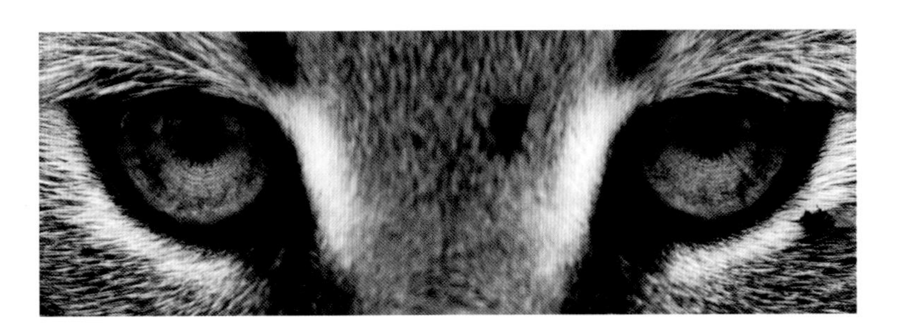

俗话说，团结就是力量。不过，你肯定也听过“三个和尚没水喝”的说法。非洲大草原上独来独往的小型掠食者应该会更认同后者。

薮猫

薮猫体型如小型猎豹。它们拥有修长的躯干和四肢，广泛分布在非洲。从撒哈拉以南到南非都能见到它们的身影。因为四肢修长，它们在草丛中活动非常灵活。它们的肩高约为60厘米，体重在18千克左右，雌雄长相差别不大。它们的黄色皮毛上有黑斑，不同个体的斑点大小、颜色深浅和位置均有差异，偶尔也会有全身黑色的薮猫。它们的脑袋很小，大耳朵后面也有黑色和白色斑点。这在很多猫科动物身上很常见，乍一看像是两个大眼睛。薮猫的长相很有特点，一眼就能把它们和其他猫科动物区分开来。

薮猫的活动不分白天晚上。它们在高草丛中捕猎，可以跳得又高

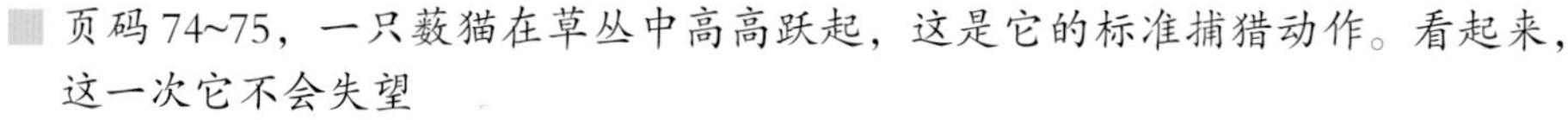

■ 页码74~75，一只薮猫在草丛中高高跃起，这是它的标准捕猎动作。看起来，这一次它不会失望

■ 上图，虽然薮猫没有爬树的习惯，但对它来说上树不是什么难事

■ 右图，在南非大草原上，一只狞猫貌似悠闲地走着“猫步”。它的眼神中仍然时刻充满警惕

又远，甚至能离地两米，用前爪抓住猎物。啮齿类动物是它们的主要食物。此外，它们也以小型蜥蜴、鸟类、青蛙以及较大的昆虫为食。薮猫有时也会捕食体型较大的动物，例如小羚羊和野兔。薮猫通常独来独往，甚至还会刻意回避同类，不过在求偶和交配的季节也会放下矜持。它们一胎有两三个幼崽，会选择在安全的灌木草丛中分娩和抚育后代。如果觉察到附近有危险，它们会立刻转移幼崽。幼崽会和妈妈生活到一岁多。过去，因为美丽的皮毛和被认为对家畜有攻击性，薮猫常被人类捕猎。不过，薮猫在今天并不是濒危物种。

狞猫

狞猫的黑色耳朵又大又尖，上面长着成簇的毛发，这是它们最主要的特征。它们和猞猁有较近的亲

缘关系，这一点从耳朵就可以看出来。狞猫肩高约50厘米，体重约18千克。它们身形苗条，四肢强壮，后腿比前腿长，这使得身子后半段比肩高。它们的脑袋不大，在古埃及人的画作、雕像中经常能见到它们的身影。这是因为古埃及人将它们视为神灵。由于不喜欢炎热的天气，狞猫通常在夜间捕食，在多云的天气里活动也更加频繁。狞猫通常独来独往，它们栖息在干燥的旷野，多岩石的山区、树丛也有它们活动的踪迹。它们不喜欢封闭和潮湿的环境，除了撒哈拉沙漠和多雨的森林，整个非洲大陆都有它们的踪迹。

狞猫的捕猎技巧和薮猫相似，主要依靠高超的弹跳能力来捕食体型不大的动物。它们的身体非常灵活，能够跳到3米多高，可以轻松地抓到飞行中的鸟类，在空中的姿

态如同艺高人胆大的杂技演员。除了鸟类，它们还经常捕猎小型哺乳动物，如老鼠和野兔，有时甚至还能捕获小羚羊。

只有在求偶和交配的季节，狞猫才会改变自己独来独往的个性。不过，它们和伴侣在一起的时间并不长。交配过后，母狞猫就会离开配偶，独自生下孩子，并哺育后代。

狞猫一窝能生1~6个幼崽。母狞猫会选择在有遮蔽的安全地方生产，比如在其他动物遗弃的洞里，或是在岩石之间的凹陷处，有时干脆就在树洞中。狞猫的幼崽长得很快，3周后就可以吃固体食物，长到3个月大的时候则开始尝试捕猎。不到一岁时，小狞猫就会离开妈妈独自生活。有的母狞猫会跟妈妈多生活一段时间再离开。狞猫对家畜有攻击性，因此在一些地区人类会捕杀它们。不过，狞猫家族今天仍然成员兴旺，尤其是在自然保护区，这些独行者家族的队伍仍在壮大。

蜜獾

蜜獾是鼬科动物，和獾、白鼬是亲戚。它的皮毛颜色很有特点，身体根据颜色不同分为很清晰的两部分，下面的皮毛是黑色的，上面则是银灰色。它们的身长约有1米，不过身子很矮，肩高30厘米左右。

蜜獾个头的确不大，不过可不能小看它。它的攻击性很强，敢和体重是自己4倍的豹对抗，而且不落下风，甚至能让面前的庞然大物落荒而逃，而自己享用对方辛苦捕获

■ 左图，在纳米比亚的埃托沙国家公园，蜜獾和胡狼狭路相逢
■ 上图，红颈射毒眼镜蛇能通过毒牙尖端的细孔喷射出毒液

的猎物。一只15千克重的蜜獾高傲地扬起战斗的头颅，张牙舞爪地进攻万兽之王狮子，这样的场面也并非天方夜谭。因此，熟悉蜜獾习性的动物绝不会轻易靠近它。

蜜獾的牙齿并不发达，但是咬合力惊人。它还可以在很短的时间内挖一个地洞，在里面暂时栖身，这全凭它尖锐的爪子。

蜜獾的另一大特点是背部有厚密粗糙的皮毛，而体侧却很柔软。它不挑食，以小型哺乳动物、鸟、爬虫等为食，也吃野果。蜜獾走起路来有点晃晃悠悠，甚至有点憨态可掬。这貌似可爱的草原杀手在遇到跟自己体型相当或更小的猎物时，都很少失手。在求偶和交配的季节，蜜獾也会和另一半出双入对，成为名副其实的夫妇杀手。

既然叫蜜獾，很显然它喜欢吃蜜。它有着强大的利爪，厚密粗糙的皮毛可以抵御蜂群的攻击，因此打开蜂巢对它来说不是难事。它与响蜜䴕有互惠行为，后者善于发现蜂巢但不能捣毁蜂巢。蜜獾会在响蜜䴕的带领下用利爪捣毁蜂巢，并与之一起分享蜂蜜。

眼镜蛇，曼巴蛇，鼓腹蝰蛇

蛇是捕猎能手，它们通常以老鼠、鸟类、青蛙、昆虫以及其他爬行动物为食。在非洲大草原生活着许多种类的蛇，有的毒性很强，比如眼镜蛇和它的近亲曼巴蛇就被认为是世界上最危险的动物。

这两种前沟牙毒蛇的毒液具有

■ 上图，曼巴蛇发出警告的样子让人不寒而栗
■ 右图，一条巨大的鼓腹蝰蛇。它是世界上最危险的蛇类，会向任何靠近它的敌人发出警告

神经性毒性，能够抑制猎物的神经系统和呼吸系统。毫无疑问，这是自然界最厉害的武器，毒液一旦进入猎物体内，猎物就完全无计可施了，死亡会很快降临。黑曼巴蛇还有可怕的外号“七步蛇”。顾名思义，一旦中招，猎物在七步之内就会毙命。

黑曼巴蛇和眼镜蛇在受到威胁时，会挺直身躯站立，脖子一带的皮肤迅速膨胀。它们的警惕性非常高，随时准备发起进攻和自我保护，动作之快迅雷不及掩耳。曼巴蛇在发起攻击时，时速达到15千米，能在一瞬间移动数米。它们大部分有两三米长，有的甚至能达到4米。

非洲眼镜蛇的个头稍微小一点，最长的可达两米。红颈射毒眼镜蛇则能够进行远程捕杀，它能通过毒牙尖端的细孔朝敌人或猎物喷射毒液，最远可达两米。

此外，还有可怕的蝰蛇家族。鼓腹蝰蛇身长1.5米左右，常在草丛中出没。它们进化出了发达的毒腺，牙齿也是活动的。当嘴巴紧闭时，毒牙可以折拢，一旦张嘴，就可以迅速射出毒液。它们的毒牙长达3厘米，更可怕的是，万一毒牙断了，其他牙齿会立刻代替毒牙。它们的毒液是血循毒，能够造成严重的出血。一旦被鼓腹蝰蛇攻击，猎物的死状往往比被眼镜蛇攻击还要惨。■

夜行者

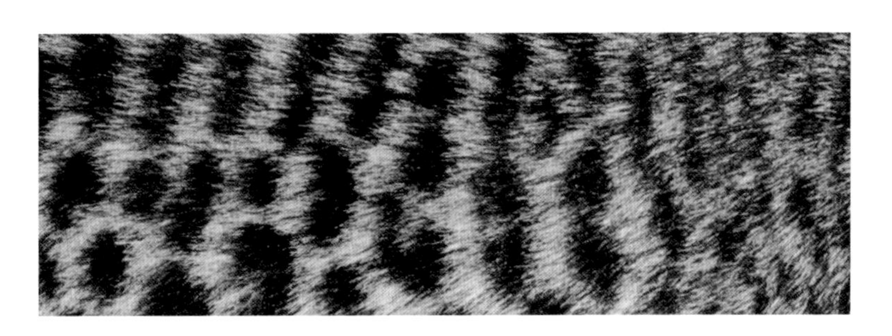

夜幕降临，非洲大草原依旧充满生气。除了夜间进行捕猎的狮子和斑鬣狗，还有很多掠食者终于等到了太阳落山，它们将迎来自己一天中最忙碌的时候。

土狼

土狼长得有点像身上有条纹的斑鬣狗，它们和斑鬣狗还真是近亲，同属于鬣狗科。土狼除了吃腐肉、鸟蛋外，主要的食物是白蚁，这是它们最突出的特点。土狼的胆子不大，一般只在夜间活动，白天就在窝里待着。在有些地方，天气不太热的时候，偶尔也能见到土狼在白天冒险外出觅食。土狼肩高约50厘米，最重可达30千克。它的背部长有鬣毛，体侧和四肢有棕褐色条纹。土狼的耳朵特别大，黑漆漆的面孔和斑鬣狗很像。土狼是食肉动物，不过几乎失去了肉食者的习性。它的犬齿很长，其他牙齿则比较脆弱，即使杀死猎物，也无力将其肢解并吃掉。昆虫是它们的主要食物，尤

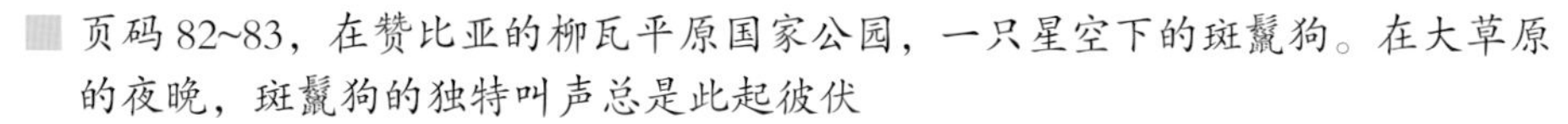

■ 页码82~83，在赞比亚的柳瓦平原国家公园，一只星空下的斑鬣狗。在大草原的夜晚，斑鬣狗的独特叫声总是此起彼伏

■ 上图，一只土狼怯生生地在窝门口探出身子

■ 右图，闪光灯捕捉到一只灵猫的身姿。你可以看到它极为独特的皮毛颜色，银灰色的皮毛上布满了黑色斑点和线条

其是白蚁。有时候，它们甚至只吃白蚁。这也解释了为什么土狼总喜欢在夜间活动，因为白蚁晚上才出窝觅食。

土狼能够在沙化的土地上成功打洞，不过因为爪子不够尖利，它们无法抓破白蚁坚硬的巢穴。但这丝毫不影响它们进食，因为它们的舌头又长又灵活，满是黏性的唾液，能够轻易地舔食白蚁。它们的胃口可真是不错，一个晚上最多可以吃掉20万只白蚁！

土狼是独行者，只有在繁衍后代的季节才会出双入对。一对土狼的活动领地为2~4平方千米，它们会在里面安好几个家，不过都不是自己建的，而是其他动物挖的，它们则乐得坐享其成。母土狼怀孕3个月后，一窝能生2~5个幼崽。幼崽出生后，会在窝里待好几周。土狼一般在白蚁活动最活跃的季节繁育后代，这意味着饮食补给能得到充分保障。土狼夫妇会共同哺育和照顾幼崽。一般情况下，雌性外出觅食的时候，雄性就待在窝中照顾幼崽。人类经常以貌取“兽”，错把土狼视为家畜的威胁。其实，土狼对人类的畜牧活动有一定的益处，因为白蚁对人类生产生活具有很大威胁，而土狼正好可以为人类去除这个巨大隐患。

非洲灵猫

非洲灵猫是非洲热带的麝猫，它的会阴腺可分泌出一种称为“麝猫香”的液体。过去，人们会捕猎

或者驯养灵猫以获得这种物质。今天，这种芬芳物质可以通过化学手段有机合成，大大缓解了灵猫的生存危机。灵猫的肩高50~60厘米，体重可达20千克。它的毛色独一无二，非常易于辨认，特别是眼周的黑色带纹，这是它的面具。它全身覆盖带黑白色条纹和斑点的粗毛，背脊长有鬃毛，从脖子一直长到尾巴。灵猫的胆子很小，它是夜行动物，对环境的适应能力较强，而且栖息地范围广阔，从森林到灌木丛都可以发现它们的踪迹。

灵猫是以食肉为主的杂食性动物，吃体型较大的昆虫、两栖类动物、小型爬行动物、鸟类、啮齿类动物、蛋、植物以及个头不太大的哺乳动物，比如小羚羊。白天，灵猫会带着孩子藏身于茂密的灌木丛中，或者在其他动物遗弃的窝里栖身。晚上出来活动的时候，它们会通过肛门周围分泌的灵猫酮来划定地盘。

大耳狐

大耳狐因其巨大的耳朵而得名。一对大耳朵保证了它敏锐的听力，还可以更好地散发热量。

虽然它是一只狐狸，不过长得有点奇怪，脸上的毛色较深，好像戴着面具。它的肩高有30多厘米，重量为3~5千克。大耳狐除了有一双大耳朵之外，齿列也有别于其他的同类。它的牙齿又小又密，有将近50颗。因为这一特点，动物学家在为它明确身份的时候不得不讨论

■ 上图，在坦桑尼亚的塞伦盖蒂国家公园，一只大耳狐注视着镜头
■ 右图，乳黄雕鸮是世界上最大的雕鸮，它在非洲极为常见

一番。大耳狐的咀嚼速度很快，嘴巴每秒钟能够开闭 5 次之多。

大耳狐是群居动物，除非冬天的夜间温度过低，否则它们一般都会昼伏夜出，并且总是三五成群。不过大耳狐的领地意识并不强，群体内成员的关系比较融洽。而且，大耳狐偏爱开阔的地方。大耳狐会在高草丛中栖身，躲避可能存在的危险。在相对干旱的地方，大耳狐也能正常生活。那些食草的白蚁不仅能让它们填饱肚子，还可以为它们补充足够的水分。除了白蚁之外，大耳狐还会捕食小鸟、啮齿类动物、小型蜥蜴等。它们的耳朵就是捕猎的最佳工具，能够确保它们在暗夜中对猎物进行精确的定位。

大耳狐会自己挖洞，不过也常使用别的动物已经废弃的现成洞穴。怀胎两个多月之后，雌性会分娩，一窝一般有 1~6 只小狐狸，而抚育后代的任务则主要落在雄性身上。和土狼一样，大耳狐对人类的生产生活也是有益的，因为它们能够有效减少栖息地附近白蚁的数量。

乳黄雕鸮

乳黄雕鸮是一种夜间活动的非洲猛禽。它的身体发白，翅膀非常大，打开双翼有 1.5 米宽。乳黄雕鸮的叫声就算隔着四千米远也能听见。

这种鸟在撒哈拉以南的非洲有着广泛的分布，而非洲西部地区也有它们的踪迹。除了沙漠和雨林之外，它们还能在多种环境下生存。乳黄雕鸮的捕猎能力非常强，而且钟爱小型的哺乳动物。猴子、疣猪的幼崽、蛇獴、蹄兔、蝙蝠、巨型海蟾蜍都在它们的捕猎范围内。它们在天空中可以捕食大型的鸟类，在地上可以捕捉爬行动物，入水能够吃到水里的鱼，还会捕食两栖类动物、昆虫，甚至连腐尸也不嫌弃。

乳黄雕鸮在筑巢时也充分体现了机会主义的风格。它们通常会在秃鹫或其他鸟类遗弃的巢穴中安家。其一窝一般会有 3 只雏鸟。雏鸟长到 3 个月大的时候，通常还会继续待在父母身边，帮父母抚养自己的弟弟妹妹。■

第四章
猎物的策略

掠食者和猎物应当处于一种平衡关系，而维持这一平衡的方式多种多样。此前我们已经提及，双方的数量应该保持合理的比例：食草动物是生态环境的主要消耗者，它们的数量必须远远超过掠食者，否则它们将很快被掠食者吃光，然后数量激增的掠食者将被饿死。即使生为猎物，也不能成为猛兽唾手可得的食物，猎物也有自己的尊严。

通过大自然共同进化的法则，猎物和掠食者互相影响、互相促进，二者之间的平衡机制得到了维系。共同进化不是寥寥数语就可以说清楚的，这是一个复杂而漫长的过程，并非一日之功。

我们不妨从今天的现状出发来认识共同进化——大自然的今天就是过去千百万年共同进化的结果：有进攻中的速度与力量，就有防御中的坚韧与勇敢；有掠食者为果腹制订的周密计划，就有猎物为求生而费尽心机的伪装。

■ 左图，在肯尼亚的马赛马拉国家保护区，长颈鹿正在吃树上高处的叶子

大块头总会更安全

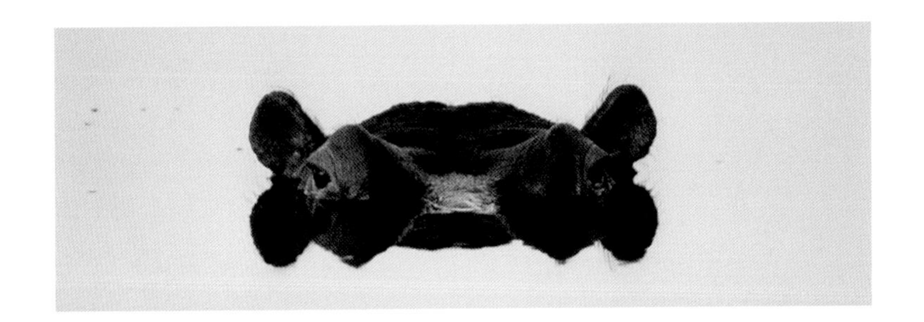

巨大的体型在防御中总会占优势。不过，大草原上的掠食者体型也不小，有动辄200千克级的猛兽，以及它们惊人的力量和强大的“武器”。

如果遇到本身也是庞然大物的掠食者，猎物的体型有多大才最安全？我们看4个例子，完美地诠释了这一进化过程中的“选择”。它们是大象、犀牛、河马以及其他大块头们。

大象

成年的非洲草原象是世界上现存体型最大的陆地动物。毋庸赘言，它们几乎不必担心任何掠食者的进攻。当象群在大草原上行进时，所有动物都要退避三舍，就连狮群也要礼让三分。它们的身高一般在4~5米，体重达5吨。这么重的规格，不由得让对手也要心生敬“重”。如果问大象它们何以防身？它们给出的答案会是：安全感来自大吨位。不过，吨位依然只是表象。你可别因为大象看起来笨重，走起路来也徐缓沉重，就低估它的战斗力。实际上，大象的反应非常快，一头发怒的大象奔跑的时速可以达到40千米！

犀牛

在非洲大草原，白犀比大象苗条，但也只是比大象的个头小一些而已。它们性情温和，喜欢在地形平坦的地区生活。经常能看到犀牛妈妈带着孩子一起出来活动，它们形影不离，寸步不分。雄性白犀体长 4 米左右，体重可达 2 吨多，和一辆大型越野车差不多重。它们同样是大块头的速度型选手，奔跑速度比大象还快，耐力也更好。它们都力大无比，能轻松地掀翻一辆汽车，或者把汽车撞扁。黑犀比白犀小一些，不过在速度和力量上却毫不逊色。

河马

河马是淡水物种中体型最大的杂食性哺乳类动物。它们的个头和犀牛差不多，但是力量更大。千万别被它们敦厚的外表蒙骗了，这些大块头的脾气差得很，动不动就翻脸。如果把大块头们惹急了，不管是谁挡在半道上，它们都能将其轻松撞翻。河马每天大部分时间都在河、湖或者沼泽地里舒舒服服地泡着。它们的掠食者不喜欢把身子弄湿，所以对河马来说，在水里待着既舒服又安全。到了晚上，河马会上岸觅食。这时的它们容易引来掠食者的攻击——不过，要想拿下这些脾气火爆的大块头，谈何容易！

长颈鹿

长颈鹿是世界上现存的最高的动物。成年公鹿能有一吨多重，最高可达 6 米。即使狮子这样的弹跳高手看到长颈鹿长长的脖子，往往也要望“鹿”兴叹，够都够不着，而要咬上一口给它致命一击，更是痴心妄想了。

水牛

非洲水牛在草原上的大块头中只能算小个子。成年公牛能有 800 千克重。在猛兽眼里，它们绝对是高难度的猎物。尽管狮子和水牛相比，个头不占优势，但狮群还是勇于挑战。一群水牛可以通力合作驱走觊觎它们的狮群，但队伍中总有老弱病残的成员，因此狮子的勇气也往往能得到回报。

■ 页码 90~91，行走中的象群。它们用长长的鼻子从地上吸取各种矿物盐，补充矿物质

■ 左图，一头被激怒的河马。河马外表看上去憨厚，却是非洲最危险的动物之一

■ 上图，位于南非的马拉马拉保护区，3 头白犀出现在镜头中。它们是行进中的铁甲战车，厚厚的“铠甲”任谁也不能轻易靠近

大块头的小时候

狮子不是成年大象的对手，但它们有可能成功捕猎小象。不过这种情况在现实中并不常见，因为小象很少落单，身边总有长辈保护。

同样的道理，小犀牛的身边也总有重达 1.5 吨的妈妈。在妈妈厚重的母爱保护下，即使狮群在掠食者天性的驱使下贸然向小犀牛发起进攻，也绝对占不到任何便宜，注定会灰头土脸败下阵来。

长颈鹿小时候偶尔也会遭到攻击，不幸的是，即使在妈妈的保护下，它们往往还是无法逃脱葬身狮腹的厄运。

腿部的力量

当危险迫近的时候，猎物的第一反应当然是撒腿就跑。广袤的非洲大草原是物种进化的最佳场所，地球上速度最快的掠食者和猎物都生活在此。

在掠食者面前，猎物当然是弱小的。但如果跟人相比，猎物中很多成员的身体素质与技能要远超人类。再怎么强身健体，人也无法超越它们。

瞪羚

瞪羚是羚羊的一种，比起其他羚羊，它们的身型更小，也更苗条一些。名气最大的瞪羚有汤姆森瞪羚和格兰仕瞪羚。

瞪羚是大草原上奔跑速度最快的有蹄类动物之一，它们的时速可以达到 80 千米。此外，它们的体重较轻，所以在全速奔跑的时候可以突然调转方向，出其不意地甩开身后的追兵。

其他的有蹄类动物

跳羚有适合长跑的腿，它们的时速最高能接近 90 千米。在南非金门高地国家公园的山地，你可以领略到它们的风采。跳羚在奔跑时，如同一群展翅的飞鸟，身姿灵活，几秒内就可以跨过一个个山包，而同样的距离对于人来说，几个小时都未必能走到。

狷羚、瞪羚的速度和跳羚不相上下。不过，它们起跳的画面感没有那么震撼。总之，羚羊家族都是天生的奔跑健将，体型最大的大羚羊，时速也有 60 千米。有一种黑斑羚和跳羚有点像，它们如果受惊，可以高高跃起好几米，毫不费力地跨过灌木丛。

逃亡与追逐

对猎物而言，速度越快，活命的概率越大。不过，夺命狂奔并不是唯一，在必要的时候，猎物也会背水一战。虽然许多掠食者速度快，但耐力却不及猎物，它们只能在较短距离内保持高速奔跑。因此，发动奇袭是成功捕猎的关键。如果第一次突袭失败了，那么这一次捕猎行动就提前结束了。这也意味着只要躲过第一次突袭，猎物就能够逃出生天，平安无虞。

逃亡与追逐是非洲大草原的主题，但并不是草原生活的全部。再强大的掠食者也不可能终日奔波觅食。它们一天中只有很少的时间为了捕猎而奔跑，这和猎物一天中只有很少时间为了求生而奔跑一样。大部分时间，掠食者是慵懒的，而猎物也能够安静地吃草，没有生命危险。

踢出一条活路！

惊慌失措、夺路而逃的猎物也可能会给对手带来危险，比如斑马和长颈鹿。它们的蹄子是天生的防身武器。

速度就是生命

猎豹是自然界奔跑速度最快的动物，时速可以达到 110 千米，没有掠食者和猎物能出其右。它的速度比瞪羚还快，但是耐力要差一些。猎豹只能在 500 米内保持高速奔跑，如果追袭失败，它就必须停下来休息，等待下一次机会。

页码 94~95，在肯尼亚的马赛马拉国家保护区，一只奔跑中的汤普森瞪羚

左图，南非卡拉哈里大羚羊国家公园的一群跳羚。它们是羚羊家族中速度最快的成员之一

下图，两匹打斗中的公斑马。你可以清楚地看到它奋力扬起后蹄的样子。不过，这一次它背对的不是狮子，而是同类

在危险时刻奋力一踢，是有蹄类动物的自我保护本能。当然了，在武装到牙齿的狮子和斑鬣狗眼里，这似乎是微不足道的防卫。但是，没有猛兽会对此掉以轻心。

斑马的速度和狮子不相上下，而它的扬蹄进攻，甚至可以踢碎狮子的下颚！因此，狮子（主要是母狮）在追逐斑马时会十分小心地躲过斑马的蹄子。它们会在斑马的侧后方追逐，一有机会再向侧前方加速，奋力跳到斑马的背上。

长颈鹿的块头比斑马大，腿也更有力，它们的防御甚至能够杀死一只不自量力的狮子。

抱团求生

猎物群体在受到攻击时的集体表现，体现为抱团求生的策略，这在生物学上称作“群体效应”。

群体效应

逛超市的时候，你面对琳琅满目的商品，是否感到无所适从，选择困难？狮子面对羊群时，心情和你是一样的。面对这么多可选的猎物，如果贪心的掠食者贸然出击，最后不仅会精疲力尽，还可能一无所获。成熟的掠食者知道，在发现猎物成群出现后，首先要做的不是冲进猎物群，而是仔细观察，并在行动前选定适合自己的猎物。贪多必失，甚至可能一无所获，每一个耐力不足的掠食者都明白这个道理。

危险一旦出现，有蹄类动物就会启动群体模式，一起朝同一个方向狂奔，尽可能迷惑身后的追击者。只有混在庞大的群体中，个体才是最安全的。

页码98~99，在肯尼亚的察沃国家公园，一群水牛正在饮水

上图，看到自己的同伴遇袭，水牛都赶来援助

所谓道高一尺，魔高一丈。猎物有它们的聪明，猎手也有它们的智慧。狮子总能在追逐中快速找出猎物群中最虚弱无力的那个——狮子明白，这才是自己的猎物。正如在超市里有点迷茫的你，还是会很快选定性价比最高的商品。

这样的群体效应，在草原上大规模集体行动的有蹄类动物中十分常见。它们像飞行中的鸟群，当领头者变换方向，跟在它身后的成员都会不约而同地调转方向。如果你看过成群结队的鱼就会发现，这样的效应在它们身上也会出现。

主动防御

一般来说，当有蹄类动物大军被追捕的时候，如果有成员掉队，大部队是无暇顾及的，也不会及时救援。当然总有例外，那就是无所畏惧的母爱。

当幼崽受到攻击的时候，妈妈会拼尽一切保全自己的孩子。在猛兽面前，母亲的保护也许并不能赶跑对方，但有时足以让单独行动的猛兽再而衰三而竭，最后索性放弃，放母子一条生路。不是所有的

小百科

大家庭的一分子

大家庭成群结队地出行，让每一个成员都意识到自己不过是集体的一分子，不比团队中的其他成员更重要。如果群体的成员较少，比如只有一个雄性成员，那么它的重要性自然是最大的。一旦它被俘获，家族将无法继续繁衍。但是，羚羊的队伍一般有几百只成员。在这样的情况下，任何雄性或雌性死去，对其他成员只会造成很小的影响。这样想也许有点冷血，但在生存的法则面前，集体的利益必须优先考虑。在羊群中有成员被杀死的时候，其他成员仍然会漠不关心地吃草。对这样的场景，它们早就习惯了，今天是自己的同伴，明天也许就是自己。因为对于羊群的大集体来说，生活仍将继续。

上图，虽然汤普森瞪羚的速度更快，但还是扛不住斑鬣狗执着的追赶

有蹄类动物都会像角马那样遮天蔽日地集体出动，比如水牛的团队成员就不会太多。但外出觅食的时候，总会有一头强壮的公水牛在一旁充当卫士，高高扬起脑袋，警惕地巡视着周遭。通常情况下，警惕的卫士再加上一两头雄壮的公水牛，就足以打消一旁的掠食者进攻的念头。不过，狮子和斑鬣狗有时还是会铤而走险。当遭到攻击的时候，一般情况下水牛第一反应也是夺路狂奔。群体中体弱多病者很快就会跟不上大部队。掠食者看中的就是这类追捕难度系数较低的猎物。不过，水牛是团结互助的动物。如果有同伴受到攻击，其他成员会停下来救它，它们合力甚至能成功击退掠食者。黑斑羚行动敏捷，奔跑迅速。在面对掠食者进攻时，它们甚至会选择对抗，而不是逃亡。为了保护族群，公羊会毫不畏惧地直面狮群的围攻。

防御者的武器

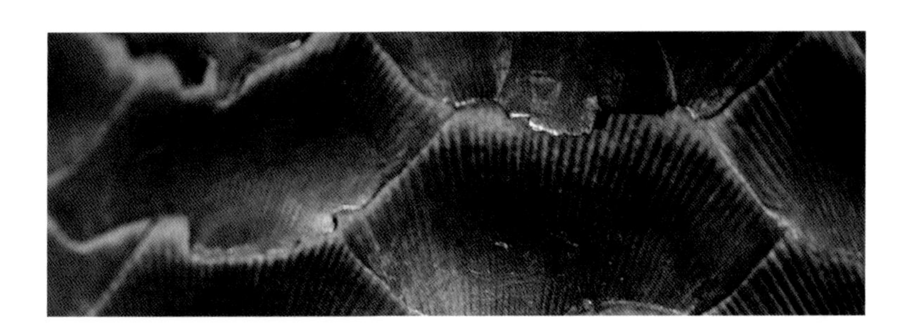

即使在掠食者看来再不堪一击的猎物，在漫长的进化中也发展了各自的防御能力。这是它们能够在危机四伏的草原上代代繁衍的保障。

许多动物的防御手段有很强的观赏性：大捻角羚的角有一米多长，最著名的当然还是象牙。

角

在非洲大草原，你能看到各式各样的角。非洲大陆牛科动物的种类繁多，从体型袖珍的犬羚到大角斑羚，都长有大小不一的用于防身的角。除了黑斑羚和捻角羚两者的雌性，非洲几乎所有的牛科动物，不分雄雌，在头上都有角，而雄性的角一般更大。雄性捻角羚长有极为壮观的螺旋角，像一个巨大的开瓶器，有的长度甚至超过一米。非洲水牛的大脑门上也顶着一对无坚

页码 102~103，纳米比亚的埃托沙国家公园的日落时分，一只大捻角羚在跳羚和斑马中间，壮观的长角非常引人注目

上图，吃过这次亏之后，这头浑身刺满棘刺的雄狮也许能长点记性。下次，它应该不会再轻易向豪猪发起进攻了

不摧的角，雄性的角从头部向外扩散，并且执拗地指向天空。即使你远远地看到它们的侧影，也一定不会认错。角马的角形状与之相似，但是要小很多。瞪羚和黑斑羚的角则呈里拉琴的形状。

黑斑羚的角很长，而且有两道优美的弧度，先向后弯，然后又指向天空。它们的角有些可达 1.5 米长，能起到一定的防御作用。

犬羚体型不大，肩高 30~40 厘米，头上的角也很袖珍，只有几厘米长。

说到动物头上的角，不能不说说非洲犀牛。它们的角与其他动物不同，并不具有骨质核心，几乎完全由角蛋白组成，成分和毛发、指甲、蹄还有皮肤的表面一样。母犀牛的角通常要比公犀牛的长，白犀牛的角最长能有 1.5 米。

牙齿

食草动物牙齿的进化服务于它们的饮食结构。斑马的门齿很发达，像一把镰刀一样适合切断草茎，同时也是防身武器——掠食者不仅要特别小心别被斑马踢到，还要特别小心不被咬到。非洲疣猪长着非常高调的牙齿。雄性疣猪的上犬齿外露，向上弯曲，形成锋利无比的獠牙，长度甚至超过 50 厘米。这副凶神恶煞的丑相，别说人看了要心生厌恶，连许多猛兽见了都会退避三舍。

大象拥有动物世界最著名的牙齿。有的象牙能超过 3 米长，每个重达 100 千克！当然了，大象这样的庞然大物其实也用不着象牙来防身。它们会用象牙晃动树干，让果子从树上掉下来，自己就能美美地吃上一顿。它们还能用象牙掀翻地上的障碍物或挖地洞找水喝。象牙其实是门牙特殊进化的结果。在遭遇狮群袭击的时候，大象仅凭象牙就可以轻易地取狮子的性命。

河马也拥有一副可怕的牙。当它闭上嘴，你很难想象这个憨态可掬的大懒汉居然有如此可怕的牙齿。当它张开血盆大口，就如同打开了地狱之门。你可以清楚地看到里面又长又弯的牙齿，有的长达 50 厘米。仅凭这样的牙齿，河马一口就能咬死狮子。我们之前提到过，这个貌似和平主义者的庞然大物，脾气可是一点就着，再加上满口的杀人利器，让它成了非洲最危险的动物之一。

棘刺

大多数掠食者不会轻易向开普敦豪猪发起进攻。开普敦豪猪和自己的欧洲表亲长相很接近，从背部到尾部都披着簇箭般的棘刺，因此能够充分御敌。

遇到危险时，开普敦豪猪的棘刺

上图，穿山甲看起来好像是爬行动物，但其实是哺乳动物

会根根竖立，并向对手发出类似响尾蛇的“沙沙”警告声。而在后退几步充分蓄力后，它们会奋力扑向敌人，然后将棘刺插入其身体。

铠甲

穿山甲乍一看像爬行动物，其实它是一种哺乳动物。不过，它们从头到尾全身都覆盖着鳞甲。这些鳞甲由角蛋白组成，而且坚硬无比，能够有效地抵御敌人的进攻。当危险来临时，穿山甲会第一时间缩成球形，让很多掠食者无处下嘴，一点办法都没有，最后只好放弃。

说起铠甲，谁会比乌龟更有发言权呢？乌龟的脑袋、四肢和尾巴都能缩进龟壳。只有危险消失，它才会探出头来。

化学武器

有一种鼬科动物，名叫非洲艾鼬。它们的外形和臭鼬非常相似，不过没有自己的美洲兄弟名气响亮。它们都是“臭名昭著”的化学武器高手。别看非洲艾鼬长得挺讨人喜欢，在遇到危险的时候却会向敌人喷出恶臭的液体。只要不是饿昏了头的掠食者，这时一般都会选择离开。它们似乎在向敌人发出警告：“想吃我？先问问自己的鼻子答不答应！”

形态与颜色

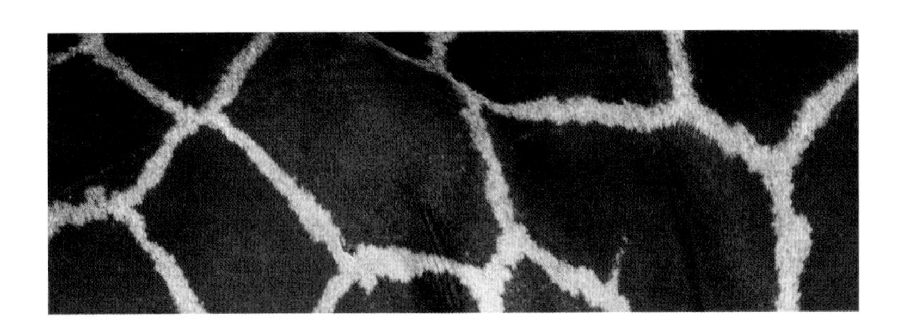

要避开掠食者的攻击，最好的防守就是躲起来，这种方式最不费力。可是，非洲大草原一马平川，要找到合适的藏身之处，恐怕并不容易。

斑马和长颈鹿是非洲大草原上最特别的两个物种，为什么这样说呢？因为它们身体的颜色是独一无二的。如果你只看过斑马的骨架，从来没有看过它们活着的样子，你能想象它们的身上布满条纹吗？长颈鹿也是一样的道理。我们常常因为过于关注长颈鹿的个头，而忽略了它们与众不同的色彩。其实这个问题令许多古生物学家都很困扰：通过动物化石，我们可以推知恐龙的个头和体型，但又怎么能知道曾经主宰地球的它们究竟是什么颜色的呢？

斑马

斑马身上的条纹究竟有什么用？这是一个没有定论的开放式问

页码 106~107，斑马因为身上的条纹而看起来有些难分彼此
上图，在纳米比亚的埃托沙国家公园，一群斑马正在过河

题。毫无疑问，如果把斑马跟草原上的其他动物放在一起，它们的颜色和图案最独特。

如果近距离抓拍一张斑马和羚羊在一起的照片，你一眼就能发现斑马，而羚羊则或多或少有点融入草原的底色中，不那么容易被发现。可是如果你在很远的地方进行拍摄，你会惊讶地发现，这回情况大不一样了。在远景中，羚羊从草原的背景中凸显出来，而斑马却变得有点模糊难寻。这种视觉上的差异效果，似乎对斑马的生存是一种优势。但是我们知道，掠食者发起进攻时，离斑马已经很近了，难道它们还认不出来吗？有的学者提出一种假设，即斑马身上的条纹是服务于整个群体的。当一群斑马集体行动的时候，因为每个个体身上都有相似的条纹，掠食者很难将它们彼此区分开来。这样一来，掠食者定位某个个体猎物的难度将大大增加，从而保障了群体的安全。

长颈鹿

在非洲广袤的稀树草原地带，我们经常能看到长颈鹿闲庭信步的身影。它们分为9个亚种，身上的体纹各有差异。最具观赏性的长颈鹿索马里亚种身上的褐色斑点是多边形的，衬有浅色的白色网格般的规则纹路。

成年长颈鹿身高5米多，在草丛中无论颜色还是个头，它似乎都太醒目，而且无处藏身。但是不必为它担心，因为它另有妙计。长颈鹿多以高高的树冠上的叶子为食，在进食的时候，它的身体和树木几乎融为一体。当它站在树边一动不动时，四条腿就像另外的四个树桩一样。从树旁走过都不会注意到它就在身边！

草原与大地

除了斑马和长颈鹿，大草原上其他动物的颜色都比较暗，以灰色和褐色为主。放眼望去，直到地平线的尽头，大草原的栖居者似乎已经打定主意和这片自己世世代代生活的家园融为一体。

在撒哈拉沙漠以南的多岩石山区，生活着一种浅褐色的蹄兔，它们的体型和兔子差不多。如果它们趴在岩石上一动不动，不仔细看的话，就跟一块石头没有什么差别。与自然融为一体，对它们来说不是什么难事，最好的藏身之法，原来还是物我合一呀！

- 上图，长颈鹿妈妈和孩子的温情瞬间
- 下图，在坦桑尼亚的塞伦盖蒂国家公园，几只蹄兔凑在一起休息，它们看上去如岩石一般
- 页码110~111，在肯尼亚的马赛马拉国家保护区，格氏斑马混迹在迁徙的角马队伍中

图书在版编目（CIP）数据

非洲大草原的掠食者与猎物 / [意] 克里斯蒂娜 · 班菲，[意] 克里斯蒂娜 · 佩拉波尼，[意] 丽塔 · 夏沃编著；潘源文译 . — 成都 ：四川教育出版社，2020. 7

（国家地理动物百科全书）

ISBN 978-7-5408-7330-1

Ⅰ . ①非… Ⅱ . ①克…②克…③丽…④潘… Ⅲ . ①草原 – 动物 – 非洲 – 普及读物 Ⅳ . ① Q958.54-49

中国版本图书馆 CIP 数据核字（2020）第 101353 号

GUOJIA DILI DONGWU BAIKE QUANSHU FEIZHOU DA CAOYUAN DE LUESHIZHE YU LIEWU

国家地理动物百科全书 非洲大草原的掠食者与猎物

出 品 人 雷 华

特约策划 长颈鹿亲子童书馆

责任编辑 杨 波

封面设计 吕宜昌

责任印制 李 蓉 刘 兵

出版发行 四川教育出版社

地 址 四川省成都市黄荆路 13 号

邮政编码 610225

网 址 www.chuanjiaoshe.com

印 刷 雅迪云印（天津）科技有限公司

版 次 2020 年 10 月第 1 版

印 次 2020 年 10 月第 1 次印刷

成品规格 230mm × 290mm

印 张 16

书 号 ISBN 978-7-5408-7330-1

定 价 98.00 元

如发现印装质量问题，请与本社联系。

总编室电话：（028）86259381 营销电话：（028）86259605

邮购电话：（028）86259605 编辑部电话：（028）85636143